U0031982

THE HOME EDIT LIFE

THE HOME EDIT

life

美感收納術

全美最強整理達人教你收納變日常
整理變享受的質感生活提案

CLEA SHEARER & JOANNA TEPLIN

PHOTOGRAPHS BY CLEA SHEARER

致我們身邊的無名英雄：

家人朋友忍受我們；員工任勞任怨；主管和經紀人永遠站在我們這一邊；業務部門總是讓我們出差時住在好飯店；律師確保我們沒有做了什麼觸犯法律的事；出版社團隊讓我們的夢想得以成真。

Contents

Introduction

　　本書是寫給喜歡在閒暇時動手收納整理的人，以及想要讓居家環境更有條理但覺得自己就是沒時間的人。還有看膩櫥櫃裡的吸管杯，但願有更多空間可以擺上酒杯的媽媽們。對坐在辦公桌前老是懷疑怎麼筆一大堆卻找不到哪枝好寫的上班族也很管用。手做和美妝愛好者，甚至是經常要搭飛機出差的人，也可以在書中找到實用資訊。

　　基本上，這本書是寫給所有人。我們想要告訴讀者，如何過著自己喜歡的生活而無須對你擁有的東西感到不安或厭煩。我們想要讓你看到，收納不僅限於家裡的儲藏室、衣櫥或房間，它可以延伸到你的嗜好、旅行，甚至是手機。收納是每個人都可以採取的一種生活風格和心態。你可以把本書視爲一套三百六十度全方位的方式，幫助你掌控生活中的混亂感與隨之而來的各種問題——不論是什麼樣的問題。

　　現在門已經打開，歡迎光臨我們的收納天地，把你對東西太多的罪惡感擺在門口……不過進門前，可否請你先脫鞋？謝謝。

art

School

projects

memories

第一部

收納

是一種行動，

也是一種態度

我們保證以下所提供的方法將有助你整理和維持生活空間。但是師父引進門，修行在個人。我們不確定有多少人真正將這套方法付諸實行，不過收到的回應出乎意料之多，隨之而來的成功案例也令人目不暇給。我們就像驕傲的父母，看著IG上的追蹤者把他們的衣櫥、衣帽間、亂七八糟的置物架和儲藏室收得漂漂亮亮。

可是⋯⋯明明就警告過你們，改造大空間必須從小地方入手，不是嗎？經常有人在IG上標註我們，標題寫著：「剛收到書，準備開始！」接著就看到他們把儲藏櫃裡的東西全都搬出來堆在廚房。我們會忍不住大喊：「不要！不要這樣做！」但願所有熱血之士都能完成收納壯舉，儘管最後我們往往只能屏氣看著剪不斷、理還亂的儲物櫃，繼續送上我們的鼓勵：「加油，撐下去。」

我們絕對不想要剝奪你的樂趣，但我們要重申的重點是：從小地方開始，一步一步來，是確保收納計畫成功的要訣。整理抽屜（浴室裡的置物櫃是最好的起點）可能看起來沒什麼了不起，但是它和收納一個更大的空間具有同樣的改造與轉換效果，能夠排除雜亂感，改善每天的生活品質。換句話說，你可以不用再到處翻找綁頭髮的髮圈，或是找筆簽孩子的聯絡簿。這樣有說服你嗎？

true story

我們花了超過八個小時的時間整理演員康斯坦斯・齊默（Constance Zimmer）的儲藏室，因為它的尺寸和格局實在讓人很頭大。事實上她讓我們待在她家整理，然後她就出門去參加派對了。直到她半夜回來，我們還在挑燈夜戰。

重新打造「沒有垃圾雜物的抽屜」

假如你的抽屜就是塞滿了各種東西，怎麼辦？沒關係，只要你可以把每樣東西分類放好，符合你的使用習慣。收納並沒有一體適用的規則，根據個人需求量身打造使用空間，才是最好的收納。

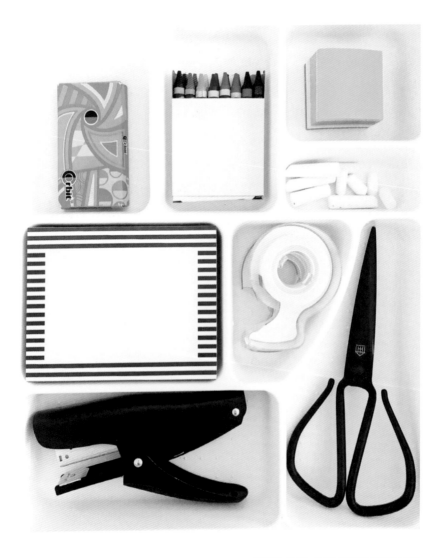

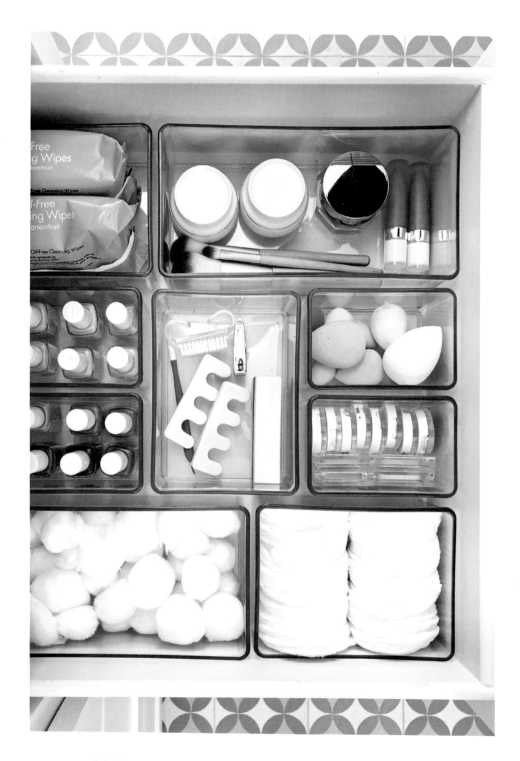

收納是一種行動，也是一種態度

關於收納書的「**五大意外驚喜**」

1 **很多人帶著我們的書去旅行。**在海灘上讀收納書！實在太讓人意想不到，我們只能假設是書店裡其他驚悚懸疑謀殺羅曼史的書都賣完了。

2 **讀者會到圖書館查看有沒有我們的書。**知道一般人還是會光顧圖書館，真是令人欣慰；而聽到他們得等上幾週才輪得到閱讀，我們感到受寵若驚。我們真的收到讀者傳來各地圖書館預約等候名單的螢幕截圖。

3 **孩子也喜歡收納。**不只是我們自己的孩子。在書籍宣傳活動中，很多孩子帶著他們親手做的擺飾或收納照片前來。我們自然會向他們的父母致意，順道問問他們的孩子想要打工嗎？

4 **根據 IG 上的照片，狗狗比貓咪更喜歡我們的書。**這不是科學調查，需要更多資料佐證，但我們絕對得提高貓咪社群的支持度。

5 **登上紐約時報暢銷排行榜！**這是一件我們餘生都會覺得驕傲又興奮的事，可能也會列入我們的墓誌銘。我們差一點就要求另一半逢人就介紹說我們是紐約時報暢銷書太太。非常感謝讀者和粉絲們的支持。

　顯然我們的書除了吸引原本就喜歡收納的人，也挑起需要多點協助才知道如何開始收納的人的興趣。有些人說，我們用他們喜歡且看得懂的文字告訴他們應該怎麼做，也有些人表示書中的概念對他們來說很陌生，但他們樂於接受挑戰。有人邊讀邊劃重點，有人只是翻看照片。沒有對或錯的方式，我們很開心有這麼多人欣賞居家收納。本來以為只有我們把它當一回事。

　我們學到的另一件事情是：有些內容特別打動人心。第一是我們的「低標生活風格法則」。為免有人不知道，這個法則是指：門檻很低（甚至低到地板），所以任何時候你都會覺得目標已經達成了。只要記得餵飽小孩和早上起床有梳妝打扮，就可以給自己一顆星。當期待很低，你會驚訝地發現自己可以達成的目標竟然這麼多。

「低標生活風格」
來自讀者的回饋

我們希望讀者也能分享自己的低標生活，看看這些精采內容：

1　葡萄酒是一種水果……每杯酒都含有完整的營養成分。喝下去，你的身體會充滿抗氧化劑，足以抵抗維生素 C 缺乏所引起的壞血病。

2　如果孩子在尖叫，表示他們還在呼吸，還活著。

3　有時候我會讓孩子吃麥片當晚餐，我告訴他們歐普拉也是這樣。「你有麥片吃！每個人都吃麥片！」

4　我沒有花太多時間在健身房裡運動，但常常在健身房的停車場看 IG，所以整體來說我還是花了很多時間在健身房。

5　在氣泡酒裡加入冰塊，可以增加水分攝取量。（這是克莉亞個人的意見。）

「低罪惡感生活」

　　低標生活風格與其他美好生活法則的界線在於，你不用對於自己做的事感到罪惡。藉由創造低標生活，我們想要提倡一個就算你只做了最低限度的努力依然可以得到認同的社群。好比說，你可能洗了頭，但假如你不吹乾頭髮（顯然是高標的行動）呢？只要頭髮是乾淨的，這樣就好了。

　　同樣的，我們不想要你因為五天沒洗頭只使用乾洗髮而充滿罪惡感，我們也不想要你在整理東西時感到難分難捨。畢竟你的家裡應該充滿你喜歡、需要或有感情的東西。以下是一些例子。

你可能 喜歡的東西	你可能 需要的東西	你可能 有感情的東西
蠟燭	電池	孩提時期的東西
衣服	文件	傳家寶
裱框的相片	洗手液	小孩的勞作
吉他	燈泡	卡片和字條
珠寶飾品	報稅表	舊照片
花瓶	馬桶疏通器	結婚禮服

你覺得需要的東西
其實百分之九十九並不必要
（清單待續）

1 明年感恩節前就會過期的南瓜泥。（而且你根本連去年也沒做南瓜派！）

2 總是忍不住多拿幾罐的煉乳。

3 主題樂園的紀念杯。（拍照留念就夠了！）

4 缺了什麼零件的東西。（你大概不會跑到店裡去修攪拌器，直接買個新的比較划算！）

5 跟著花束一起送來的花瓶。

　　當你猶豫要不要留下某樣東西時，用上一頁的分類邏輯思考一下。如果你喜歡它（或許你最近沒有穿那件毛衣，但你一定會穿）；或者你需要它（誰都需要馬桶疏通器）；或者它對你很特別（你家小孩在那顆石頭上花了一番巧思，把它當作母親節禮物送給你）──那麼你可以自信地說「留下來」。

　　這就帶我們進入低罪惡感生活的另一個重點。

你可以
不用
斷 捨 離

再說一次，
給那些站在後排的讀者

你真的
不用
斷 捨 離

對於每個願意且努力收納居家環境的人，我們感到與有榮焉。當你根據 P.20 的判斷標準分類物品，留下來的就是必要的。你對於擁有這些東西不需要有任何罪惡感。這是收納過程很重要的一步。

為什麼要抗拒你的寶寶就是需要一整櫃尿布的事實，或者你家那位青少年就是需要一堆運動用品。抵抗事實是無效的，最終也根本沒有用。把時間和精力花在能夠整合你生活中所有東西的收納方法，勝過勉強自己去過著像別人那樣的生活。

收納 vs. 極簡主義

收納經常混合了所謂極簡主義的概念，但事實上它們是兩件完全不同的事。極簡主義被認為是主張生活中越少東西越好；收納則是以有效且規律的方式管理各種事物。極簡主義是一種設計風格或生活方式的選擇。收納並不表示你必須把你擁有的東西減到最少，而是強調你對於自己擁有的東西必須好好想一想。你必須認真對待你的東西和你的生活空間。有篇文章曾經形容我們是「讓你可以留下更多東西的收納專家」。看到這個說法我們都笑了，確實如此。

我們想要幫助你在原本的舒適圈裡過得更舒服，而不是要你把各種東西都丟掉。你當然無法擁有所有東西，但是你可以擁有很多東西。此外，假如你輕易就丟掉什麼，風險在於有些你真的需要的東西未來還是會需要，屆時再買不啻浪費，倒不如找個方法好好收納它們。

80／20黃金法則

　　我們的核心概念是：東西不減空間就減，你無法兩者兼得。你擁有的每樣東西都會占據一定的實體空間，累積到最後，就算是再大的房子也會不敷使用。要如何避免這種末日景象來臨？請遵守80／20生活哲學：保持居家空間不要超過八分滿，至少留兩成的彈性。把所有可以使用的空間都用盡了，有點像暴飲暴食。衣櫥關不上跟皮帶勒著撐飽的肚皮一樣，都讓人不舒服。假如你還想要吃個點心呢？或者你還想要多買雙鞋？倘若連喘息的空間都沒有了，你就別無選擇。

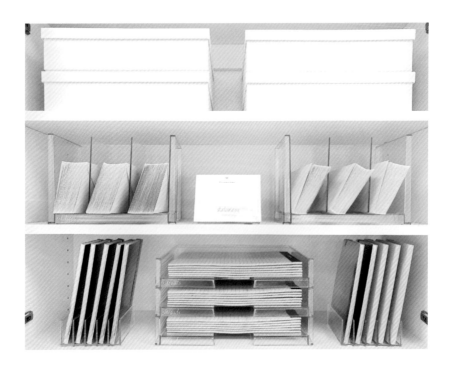

避免空間不夠的五個訣竅

1 不要再買衣架！該有的你都有了。

2 每樣東西都要收納，這樣你才知道什麼地方已經擺不下了。

3 每次買東西之前，問問自己：「這個東西要放在哪裡？」如果沒有答案，就不要把它帶回家。

4 每年撥出一兩次時間，重新檢視和安排你的空間。

5 把自己銬起來，確保你不會出門買更多東西。

當空間飽和度即將超過百分之八十的門檻，你會發現東西不再像原本那樣擺在該擺的地方。抽屜開始塞滿東西，儲藏室也寸步難行，你暗自盤算可不可以把冬天的外套放到女兒的衣櫥裡。這些狀況都不太妙，很快也會變成無解習題，讓人挫折又不想面對。這就是我們派上用場的時候了！我們可以幫助你整理出空間，還可以留下所有你喜歡或需要或用得到的東西。

不論你是因為小孩才需要它，或是工作上必須用到，或者單單看著它就能讓你感到快樂──我們都同意也接受你可以擁有它。只要你能夠好好收納，不會任由各種東西蠶食鯨吞你的空間，實在沒理由要你斷捨離，尤其如果斷捨離對你根本無效的話。

三百六十度全方位的收納

　　當我們說你可以把東西留下來時，我們是指**各種種類的東西**。收納是實體的活動，也是心理的活動。如果要做得徹底，你必須同時準備好面對自己的問題，決定你的優先順序，在某些情況下要做出調整改變。在採取新的計畫前，問自己一些問題，深入思考一下。（免責聲明：我們不是治療師，只是 IG 上的收納玩家。）

　　先從「**為什麼**」開始。為什麼你想要收納這個空間？舉例來說，是因為你的車庫實在亂得可以，要找什麼都找不到？或者你希望有個櫃子好好收藏聖誕節裝飾？或許是孩子剛離家上大學，你想要整理他留下來的那些亂七八糟的東西，或是重新規畫房間，買個你嚮往很久的那種漂亮衣櫃？（動手吧，空巢期，自由自在地飛翔！）沒有正確或錯誤的答案。老實說，一個擺滿聖誕裝飾或漂亮工藝品的房間，聽起來就像是天堂。重要的是，了解你的初衷，計畫的每一步都要記得這個起心動念，才能設立一個實際又可達成的計畫。

　　接著是「**誰**」。我們常常會問：「這是**我**的問題，還是**我們**的問題，或者是**他們**的問題？」很多時候，替客戶規畫收納空間，甚至是收納自己的房子時，我們會做得比別人預期的多，不是因為工作要求，而是為了自我滿足。把燕麥棒排得整整齊齊，確認浴室置物櫃裡的毛巾標籤都朝向同一個方向，衣櫥裡每根衣架之間的距離都要一致——這些都是「**我**」的問題，這麼做是為了滿足我自己。你可能也傾向把收納做到極致只為了滿足自己。在這樣的情況下，你必須知道你可以合理預期家庭成員能夠配合到什麼程度，以及你是否可以自己承擔把燕麥棒排整齊的工作。我們無法期待孩子會把蠟筆按照顏色排

顏色排好，但我們可以期待他們把蠟筆收進盒子裡。要家人做到物歸原位這種簡單的事並不過分。如果他們拒絕配合，那不是「我」的問題，而是「他們」的問題。

很多客戶帶著「**他們**」的問題來找我們，希望得到協助。在此我們要說，**那絕對是可以解決的**。舉例來說，或許你在玄關的掛衣間為每個家人設計了掛勾，還貼心寫上各自的名字，可是無論你要求多少次，他們總是把東西就丟在椅子上。事實是，這樣的要求對他們來說可能太複雜了。相較於把孩子視為怪獸，把老公視為就是來搗亂的人，試著調整做法，找到一個對他們都行得通的方式，從而也會讓你比較好過。

針對前述案例，這裡有個解套方法：不要用掛勾，試試放在地板上的置物籃。找幾個好看的籃子放在走道邊，讓他們可以把東西丟在裡面，畢竟這是他們很擅長的做法。

　　如果是「**我們**」的問題，表示所有家庭成員都必須盡到維護之責。這套方法必須根植在每個人的心裡，變成他們的第二天性。當收納變成習慣，就像天使長了翅膀。對那些老是抱怨說家人／室友／另一半從來沒有參與維持居家整潔的人，我們建議你試試餐具托盤。只要是三歲以上的人都知道要把餐具按照分類擺進餐具托盤裡。你可以清清楚楚看到哪裡擺叉子、哪裡放湯匙，只要放入正確的欄位裡，不用一根根整齊排列（如果要的話，就是「我」的問題）。我們通常會以此為例，因為每個人都下意識知道這是一種簡單的收納行為。我們總是說，收納就從抽屜開始！如果他們可以維持抽屜的整齊，就可以維持更多地方的整齊。

認識自己

　　我們不吝於分享自己的生活（雖然自家老媽可能都寧願我們對自己的糗事或怪癖有所保留），畢竟人生有苦有樂，有優勢（很會收納）也有弱點（其他問題）。而承認我們自己的問題，有助粉絲和追隨者找出自己的問題。或者，這麼做能夠讓別人覺得好過一點，因為原來我們也是這麼邋遢……無論原因為何，我們很高興可以這麼做。既然讀者似乎很喜歡我們的神經質，列出一張在你們需要打氣時可以參考的清單，應該頗有助益。

我們的毛病⋯⋯（未完待續）

最害怕的事物：蛇、搭飛機、嘔吐物、電池酸液、鳥糞、地震時正好在進行無痛分娩、乾性溺水（你知道這是什麼嗎？真的是很可怕的事）。

堅持：登機前三小時抵達機場、喬安娜走在克莉亞左手邊、克莉亞睡在離飯店房間門口最遠的床（以免斧頭殺人犯破門而入）、引用影集《富家窮路》（Schitt's Creek）的臺詞、冰塊和飲料分開（不論是香檳或健怡可樂）。

無法忍受的事：咀嚼聲、可怕的吸鼻子聲、喝東西的聲音、沉重的呼吸聲（對我們來說，聲音實在是個大問題）、遲到、閃光、走路慢吞吞。

壞習慣：盯著螢幕看的時間等於所有清醒的時間、晚睡、在床上吃東西。

放鬆的方式：香檳、商業書、實境節目《創智贏家》（Shark Tank）、瑞典鹽醃鯡魚、真實犯罪播客、機場酒吧、貝果、頸枕。

假如你做過九型人格測試，應該可以從中得到許多訊息。它讓我們知道很多關於自己性格裡的好與比較不好的面向。在進行收納計畫之前請先好好認識自己——理解你的情緒會受到什麼觸發、潛在動機，以及讓你不會對著一堆奶瓶歇斯底里大哭的界線。

原來我們是這樣的人……

<table>
<tr>
<td>

克莉亞是第三型
／
成就型
Achiever

</td>
<td>

・重點提示：自信、能幹、野心、魅力、美感、隨時做好準備、過度在乎自己的形象和別人怎麼想、工作狂、競爭力。

・動機：想要跟別人不一樣、要引人注意、被羨慕、讓人印象深刻。

</td>
</tr>
</table>

・知名的第三型人物：最棒的是，你會發現哪個名人也跟自己一樣。本類型的名人從歐普拉、瑞絲・薇斯朋、保羅・麥卡尼、瑪丹娜，到金融騙子馬多夫、謀殺犯 O. J. 辛普森。

<table>
<tr>
<td>

喬安娜是第四型
／
藝術型
Individualist

</td>
<td>

・重點提示：自覺、善感、拘謹、情感誠實、具創造力（到目前為止還不錯）、情緒化、自我意識較強、自我放縱、戲劇化、桀驁不遜。

・動機：表達自我和自我特質、讓自己被美的事物環繞以維持好心情、為了保護自我形象而

</td>
</tr>
</table>

退出、投入任何事情以前先觀照自己的情感需求。

・知名的第四型人物：這一型的爭議人物比較少，清單包括巴布狄倫、爵士演奏家邁爾士・戴維斯、加拿大歌手瓊妮・蜜雪兒，還有一個奇怪的插曲，魔術師克里斯・安琪兒。

你也可以測試看看

人格類型測試準不準，只要看你是否認同那些正面特質，對於負面特質也願意承認說：「……沒錯，我想我就是那樣。」當然，發現自己和殺人犯有共同的特質並不是一件有趣的事，但是對自己有更多認識是好事。你面對問題的方式和人際互動的偏好，都是清楚的生活指標。根據親身經驗，了解我們是第三型和第四型的人格，讓我們成為更好的朋友、溝通更順暢的生意夥伴，以及在為客戶進行收納規畫時更有策略。我們很幸運，第三型和第四型的人是互補的，他們擁有對方所沒有的特質。其實我們不需要測試就知道這一點，不過它讓我們再度確認兩人的合作是「充滿活力又有品味，更能享受生命中美好的事物」。測驗分析還說：「他們感受到語言和理性之外的連結，彷彿前世就認識彼此，像是靈魂伴侶。」我們沒有哭，只是鼻子過敏。

人格測試可以讓你更了解自己。讓家人也做做測試，以便你進一步理解他們。你對數字沒感覺？也許你傾向占星學……或者你是屬於霍格華茲學院派 —— 就算你不是哈利波特迷，這樣的分類也超乎意料的準確。克莉亞屬於葛來芬多，因為她有決心、勇敢、具有野心以及社交技巧。喬安娜是赫夫帕夫，努力、認真、耐心、忠誠，而且道德感強烈。重點是，藉此我們可以清楚看到會影響我們行動和決策的行為模式，不論是自己或他人。

如果你的另一半或工作夥伴是跟你不同類型的人，不用擔心，世界不就是這樣運轉的。你們應該也發現本書兩位作者是完全不同又非常相同的人。正因如此，我們才能長時間相處卻不會對彼此感到厭煩。老實說，我們常常花了一整天時間在客戶的儲藏室裡進行收納，收工後還選擇住在飯店的同一個房間裡。我們的個性、技巧和能力互補又對比，恰恰達到完美的平衡。我們的性格特質不只讓我們成為好室友，還是好的團隊夥伴。

我們都一致同意的事

1. 改變人生的決定往往需要經過很多溝通、討論和妥協？不用！我們經常在一頓午餐的時間就做出重大選擇，好比說展開新事業。

2. 企畫電視節目。聽起來沒什麼大不了的，但想想看一個愛看電視，一個什麼都不看，兩個人要合拍有多難。

3. 比登機時間提早三小時到機場是必要的。

4. 在公共場合光著腳是令人無法接受的事。

5. 保守總比遺憾好。

6. 密室逃脫是最糟糕的娛樂活動。

7. 生兩個小孩是極限。之後就要嚴密防守，以備後患。

8. 在飛機上、機場，或是晚上十點過後，就不用管熱量這回事。

9. 寧願共享一間五星級飯店的房間，也好過獨享一間沒那麼舒適的房間。

10. 分開二十四小時就會出現分離焦慮。

　　我們兩個人的個性完全不同，這是一件好事。我們仰賴彼此的優勢帶領，藉以平衡各自的弱點。了解兩人的長處和缺點讓我們工作起來更有效率，也據以分配和完成每一項計畫。舉例而言，克莉亞喜歡創造值得在社群媒體上分享的事，而喬安娜喜歡坐在地上小心翼翼分類各種小東西。理解自己的動機、各自擅長的部分，以及特別容易受計畫的哪些部分吸引，對我們來說有很大的益處。這讓我們可以在喬安娜花了五小時分類飾品、克莉亞打造出一整面鞋牆時，不會落入自我中心或感到挫折，甚至質疑對方。這樣的理解同樣適用於你和你身邊的人，不論是朋友、伴侶或工作夥伴，還是小孩。承認彼此的不同，是維持和平和秩序的基石。

典型的分工

遊戲室

克莉亞：按顏色排列書籍，配置書架

喬安娜：分類洋娃娃的配件和小飾品

浴室

克莉亞：把化妝品排列在透明的亞克力盒裡

喬安娜：建立一個每天使用的用品區

更衣室

克莉亞：擺設鞋子和包包

喬安娜：收摺衣服

食品儲藏櫃

克莉亞：把各種罐裝食物擺得很吸睛

喬安娜：打造一個茶站或咖啡站

　　就像鐘錶裝置一樣，我們都扮演著各自不同的角色。一旦你開始收納之旅，你也會找到其中最吸引你的部分。你可能像克莉亞一樣喜歡引人注目，或者像喬安娜一樣喜歡收納小物件。你終歸會得到你想要的結果，但達成結果的路徑很不一樣。接受自己的風格，會讓整個收納過程更充滿樂趣，而非更挫折。

　　當我們做過各種測試，了解自己是哪種類型的人格、有什麼特質，或者是哪個魔法學院的人（實際做起來真的比聽起來有趣多了），現在我們要停下來，做一個最重要的測試：你位在收納光譜的哪個位置？換句話說，你是克莉亞，還是喬安娜？你可能會說：「我沒有想要變成妳們其中之一。」嗯，我們也不想——人生真的很難！

你是克莉亞，還是喬安娜？

1. **你的房子是……**
   a. 充滿顏色和圖案，越繽紛讓人越開心。
   b. 黑白色調，視情況點綴色彩。
   c. 無所謂，由其他人決定就好。

2. **你最喜歡的活動是……**
   a. 做 SPA。
   b. 看房子、找房子。
   c. 密室逃脫。

3. **你現在住的地方是……**
   a. 打算住一輩子的家。
   b. 暫時棲身，你經常搬家，從來不知道什麼是「永遠的家」。
   c. 但願是最後一站，因爲搬家太累人了。

4. **當小孩呼喚「爸爸」，你會……**
   a. 很開心，因爲他們不是叫「媽媽」。
   b. 很開心，因爲他們不是叫「媽媽」，你還給自己倒杯香檳慶祝。
   c. 親切地回應說：「怎麼了嗎？」

5. 如果你有可能被抓去關，一定是因爲……
    a. 哪個屁孩在遊戲場爬上溜滑梯，溜滑梯明明就是要往下滑的。
    b. 有人用杯碗喝牛奶時發出討厭的咕嚕咕嚕聲。
    c. 你從來沒做過任何會讓自己被關進監獄的事。

6. 你告訴家人朋友，假如哪天你被綁架了，你會傳什麼訊息給他們……
    a. 大便的符號（你從來不會使用這個符號）。
    b. 你在健身房嗎？（「健身房」代表可疑警訊，「你在嗎」代表打電話報警。）
    c. 你從來沒有想過這種事。

7. 你理想的假期是……
    a. 隱身田園風光，沒有電視，哪兒也不去，最好附近就有好吃到讓人升天的美食。
    b. 去倫敦……早餐就開始喝香檳，整天不停購物血拚。
    c. 躺在陽光沙灘上放鬆。

8. 你最擔心的事情……
    a. 夾帶格蘭諾拉麥片餅出加拿大海關卻沒有申報攜帶水果和堅果。
    b. 有效日期和食源性疾病。
    c. 世界性災難，例如和食物無關的各種問題。

9. 早上難得有個空檔，你會……
    a. 去健身。
    b. 睡覺。
    c. 到孩子學校當志工。

10. 假如你有一百萬美金，你會……
    a. 把999990元拿來買藍白相間的抱枕，剩下十塊存起來。
    b. 馬上把現在的房子賣了，再去買間房……剩下十塊存起來。
    c. 做點負責任的事，像是投資未來。

11. 在飛機上，你會……
    a. 戴上頸枕，一手拿書，一手拿糖果袋，腿上至少蓋了三張毯子。
    b. 拿出 iPad，手機充電並連上 WiFi，舉起手請空姐送一杯酒來。
    c. 靠著椅背坐好，放輕鬆，睡一覺直到飛機降落。

假如你的回答 a 比較多

你跟喬安娜同一類。你喜歡甜膩又色彩豐富的東西。由於你在遊戲場總是緊張兮兮的，所以經常需要按摩放鬆。

假如你的回答 b 比較多

你是克莉亞型的人。你喜歡黑與白，還有彩虹色調。你總是需要刺激，搬家是你最大的嗜好。你有厭聲症，聽到擤鼻涕或嚼口香糖的聲音會讓你想殺人，要小心點。

假如你的回答 c 比較多

你冷靜又有自制力……可能會討厭和我們兩個一起搭飛機。

現在我們對彼此有更多的了解，開始進行美感收納吧！

第二部

收納

配合生活，

而非生活遷就

收納

同樣的過程，全新的態度

　　我們要帶你進一步檢視自己的生活，以及你家裡都堆了什麼東西。不管你的居家空間或大或小，無可否認我們都被各種事物所填滿。小孩子的東西，工作相關的東西，你需要、會用到或喜歡的東西。我們經常在思考要把這些東西放在哪裡才好、怎麼放才對，以及怎麼把它們收納整齊。

　　再次重申：東西很多沒關係，前提是你必須好好對待它們，也好好對待你的空間（記得80╱20法則）。只要你沒有把東西堆滿整屋子，或者把抽屜塞到關不起來，就還有收納與解決的辦法，而這就是我們可以幫上忙的地方。在這一部，我們要讓你看看我們最常需要收納的東西，也會盡我們最大努力指導你如何收納。

好的收納可以節省你的氣力

　　想像一下，你送孩子上學都已經快要遲到了，相較於浪費寶貴時間翻找鑰匙，你知道鑰匙就準確地放在哪裡……拉個某個抽屜，它就躺在你前一晚差點忘了簽名的家長同意書旁邊……而同意書剛好今天要交出去。這就是收納的神奇之處。聽好了，當你設計的收納系統符合

日常生活的流程與需求，你的生活就會變得更好管理與掌控，你的身心也會變得更快樂清明。還有什麼比這更好的？

先求好用，再求美觀

改變要從小地方做起，收納也講求方法。我們打從心底相信收納任何空間最有效的方式，第一步就是盡可能確保功能性，接著才是盡可能加以美化。這個原則很重要，如果你只是想要讓空間看起來美美的，可能就會犧牲了功能性，結果就是一切又會變得亂糟糟。一開始就用聰明的方式安排，等規則建立好以後，隨時可以加以妝點修飾。相信我們，你一定會想要把它弄得越來越漂亮，因為你會越來越愛它。

打造收納系統時，以分區的概念來思考很有幫助，不同的區域收納不同的東西。像食物儲藏櫃這樣的大空間，可以分為醬料區、食材區和罐頭食品等等。浴室裡放美妝小物的抽屜，分區擺放棉花球、化妝品、指甲油和卸妝棉。這些主題式的分類很有用也有益身心，不只能讓東西擺在固定的地方，也可以隨時評估存貨量。遵守分區收納原則，保證你一定可以成功。

snacks

sweets

utensils

原則一、同類的東西放在一起。

我們真的不喜歡把同樣的東西分開放。這裡放一點零食,那裡又放一點,恐慌發作才需要這樣做。風險在於你常常會把東西搞不見,要不就是重複買了一樣的東西,因為沒有辦法一眼就看清楚每樣東西還剩多少。我們常常把同類的物品視為一群好朋友,而朋友就是要同在一起,誰都不能被丟下。

原則二、打造一套有邏輯的順序。

把各個分區理出一個順序,讓你直覺就知道怎麼拿最順手。同樣以食物儲藏櫃為例,物品根據早晚的時序擺放,從早餐要用的到晚餐要吃的,點心和甜點自成一格。料理區有油、醋和各式調味料,旁邊則是烘焙材料(這些都是料理的基本配備)。或者想想怎麼配置遊戲室:你可以根據孩子會怎麼使用來做分區,有畫畫和閱讀的安靜區;還有玩積木和扮家家酒的活動區。用情境去想像每個分區可以強化收納系統,因為每個決定背後都經過細心考量。使用的脈絡很清楚,收納就比較不會失效。

原則三、設想是誰在使用這個空間。

我們總是不斷強調這一點。分區的位置和方法,決定了收納系統能否有效維持下去。你需要把東西放在低一點的架子好讓孩子拿得到嗎?或是要放高一點讓他們拿不到?入口處的置物櫃對每個家庭成員來說都便利嗎?

預先設想這些細節,孩子、另一半、室友等等會更能夠遵守你的收納原則。

你真的不用
斷捨離

當你是
爲了
愛自己

我們怎麼養生

早晨喝什麼

喬安娜：低因咖啡，或者如果前一晚沒睡好就喝半咖啡因的咖啡。

克莉亞：兩杯濃縮咖啡，或者更多。

每日運動

喬安娜：結合芭蕾、瑜伽和皮拉提斯的 Barre 課程，或者跑步。

克莉亞：根本沒有每天運動這回事。

營養來源

喬安娜：半吊子素食者，只吃麵包、貝果、番茄、小黃瓜、醃黃瓜、酸豆、酪梨和炸薯條。

克莉亞：正好相反，起司、肉、魚來者不拒，蔬菜也行。

養生

喬安娜：不相信維他命。

克莉亞：買了很多維他命，卻從來不記得要吃。

放鬆方式

喬安娜：一大碗水果軟糖。

克莉亞：一大碗香檳。

　　如你所見，愛自己和照顧自己的方式因人而異，沒有好壞對錯。我們很享受協助客戶規畫日常活動的空間、設計儀式感，讓他們更能夠品味自己的生活。有時候若非我們建議與安排，他們甚至沒發現這些例行公事是平凡日子裡重要且珍貴的一部分。你想得到什麼比設置一個「愛自己的角落」更美好的事嗎？

進行居家改造時，趁機想想如何讓空間規畫配合你「愛自己」的生活習慣。要怎麼打造一個符合你身心需求的個人空間，讓充滿挑戰的每一天好過一些？不論是配備一應俱全的咖啡吧或擺放瑜伽器材的展示架，這些收納計畫會是你生活中最值得的投資。

如果你是
早起的鳥兒

假如你花五秒鐘時間瀏覽我們的 IG，一定會發現我們有多麼熱愛早晨的飲料吧。茶、咖啡、可可……不論你喜歡喝什麼，整理收納這些東西充滿樂趣。

抽屜裡怎麼擺

第一步：各式各樣的茶包根據咖啡因含量、茶的種類、茶包的形狀來分類。有些茶包很大或者形狀奇怪，需要不同的區隔。

第二步：茶罐另外放，因為它們往往已經密封妥當，而且外觀通常賞心悅目。

第三步：喝茶的工具排在甜味劑旁邊，整個配置就很完整。

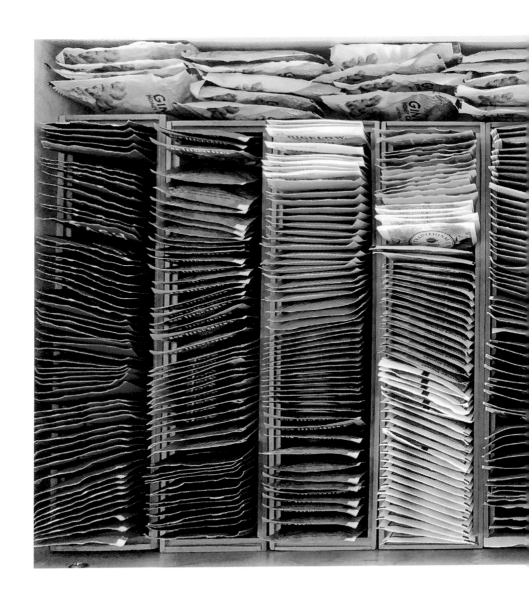

　　如果你收藏的茶包更多的話，我們也很喜歡根據顏色來分類。一般而言，用顏色分類還算行得通，因為含咖啡因的茶往往會以紅色包裝，不同風味的茶會用橘或黃色，綠茶則是綠色包裝，草本類的夜茶會用藍色或紫色。

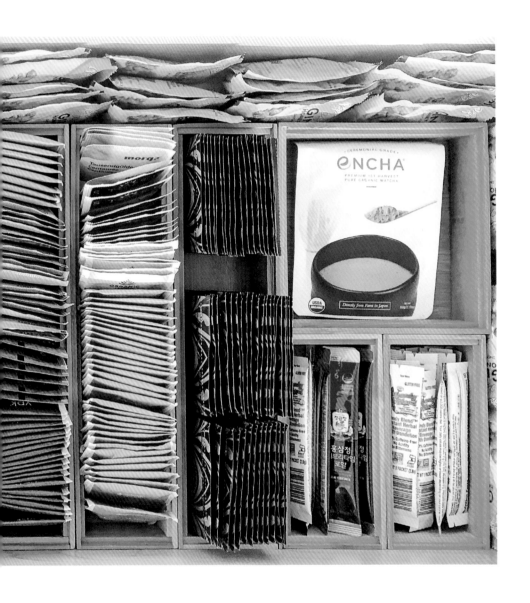

收到沒有外包裝的茶包時，我們會把它們裝進圓形茶罐裡，跟茶包放在同一區。

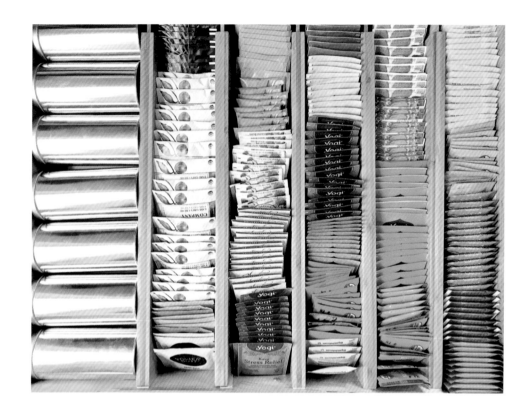

架子上怎麼擺

第一步：評估過右頁這個茶和咖啡的組合之後，顯然把這些罐子擺在架子上是最好的解決之道。我們決定把這個角落變成一個早晨的加油站。

第二步：將馬克杯、茶壺、熱水壺、果汁機等各種用具都放上來。

擺滿農場直送鮮果
的冰箱

　　對很多人來說，愛自己這件事關乎健康飲食。我們見過不少客戶的冰箱裡囤滿了蔬菜、生機飲食、各式各樣新鮮的香草。每當我們看到這些飲食內容，就知道收納有個重要任務：輔助健康的生活型態（而且我們常常邊整理邊作筆記）。

　　第一步：冰箱空間必須分區……所以我們把它分成果汁區、乳品區、食材區、醬料區、肉類和起司、農產品。

　　第二步：新鮮的草本類需要特別關注，把它們放在寬口罐裡，罐底加點水保持植物鮮度，然後把罐子放在冰箱門旁邊的區域。

　　第三步：盡量捨棄多餘的包裝，把食物放在可以重複使用的容器裡。雞蛋放入可以堆疊的收納盒，牛奶和果汁倒入玻璃瓶，把水果洗好放進玻璃製的保鮮盒。

我們用類似的方法整理演員蒂凡妮‧蒂森（Tiffani Thiessen）的冰箱。很多分區主題是相同的，但需要保留更大的空間，因為蒂凡妮經常下廚。她還有自己的菜園和雞舍，什麼都是現採現用。我們以圓盤放置各種香草類食材，旁邊擺了瓶瓶罐罐的手工果醬、醬料和醃製品。即食的水果是最受喜愛的零食，由於消耗較快，所以放在大碗裡方便拿取。

　　我們通常會把飲料倒進瓶罐裡，但是對於喜歡冷壓果汁的人來說，分瓶密封比較好，等到要喝時再開封更能保鮮。

在家做運動

「動？還是不動？」對於這個問題，最重要的決定因素，就是可行性。你住家附近有沒有你喜歡的健身房或瑜伽教室，或者有沒有一條方便到達的慢跑路徑？如果去運動的過程沒有太麻煩或太費時，你會比較容易真的保持運動。設置一個家庭健身房可以確保你在繁忙工作之餘，能夠抽出空檔做做運動。這不表示必須花大錢買跑步機或健身器材，幾個啞鈴和一片瑜伽墊對你的健身之路就很夠用了。（我們很期待有天能夠根據自己的建議行事！）

第一步：男女的運動用品分開放，每個人都有專屬的用品區。

第二步：用車庫貨架收納這些器材，讓雜物離地（除非是根本抬不起來的大型啞鈴）。

第三步：設想運動前、中、後不同階段的需求。毛巾和水壺這些必需品放在隨手可拿取的地方，運動墊鋪在地上可以節省時間。

如果你家沒有地方可以闢一個健身空間，或者你喜歡皮拉提斯更勝於阻力帶，還是可以設置一個小角落擺放需要的東西。

沐浴和美體
用品的存放區

　　忙碌人士需要很多庫存備品，而老實說很少有人會比女星凱蒂‧佩芮（Katy Perry）的時間還要緊湊。到各地巡演、擔任節目來賓、設計鞋子等等行程中，她沒有多少空檔可以採買日常基本需求。可是她必須確保家裡隨時都有浴鹽和益生菌，對偶像來說，健康美麗不能等。

　　第一步：收納櫃分區擺放：維他命和養生用品一區；沐浴備品和旅行組一區；還有美髮用品、戶外噴劑和浴鹽。

　　第二步：為了有效利用儲物空間，放置組合式收納盒：上層是多功能置物盒，有大有小，下層則是抽屜式的。把每天最常用到的東西（像是每天都要吃的綜合維他命）放在最好拿取的地方，這樣收納才具有功能性，不會讓人覺得不實用。附加好處是，小東西都收好了，就可以有多一點空間感。

　　第三步：東西分門別類放在該放的地方之後，顏色相似的移到收納箱前排，增加視覺美感。把小罐的漱口水排整齊是常常會被忽略的一件事。

名媛克羅伊・卡戴珊（Khloe Kardashian）的存貨收納：

　　抽屜式收納盒最能夠善用深度較深的置物櫃空間。重的東西往下擺（就算有梯子可用，你也不希望重物掉下來砸在自己頭上）。克羅伊原本就很有條理，我們只是為她精心安排的收納系統增添風格。

美國小姐奧利維亞‧卡波（Olivia Culpo）的浴室收納：

　　重點相同：盡可能把物品放在好拿取的地方，畢竟這些東西她每天都會用到！精華液、卸妝用品和眼霜收納在一起，由於空間不敷使用，在櫃子上面擺了個籃子，收集使用效期較短的東西分送別人。

女星薩瓦娜・克里斯利（Savannah Chrisley）的浴室收納櫃：

東西真不少，不過看得出來：一、
還有很多空間可以放更多東西；二、
缺了面膜和泡泡浴粉。

true story

在收納薩瓦娜的浴室時，她從美
妝店傳了照片給我們，告訴我們
還有更多化妝品要送來了。

認真看待
營養補充品

　　現在這個時候和這個年紀，如果你告訴我們什麼東西對身體有益，就算要吃很久才會見效，我們還是會認真聽。薑黃膠囊？當然吃了。把膠原蛋白胜肽加入咖啡？算我一份。我們不確定到底有多少功效，但很願意當白老鼠。如果客戶有很多營養補充品、油啊、粉啊、茶啊之類的，我們會設置一個可以收納這些東西的地方。把這些瓶瓶罐罐擺在旋轉的桌架上很實用，值得五顆星推薦。

第一步：設置養生用品專區，首先要確定養生對你的意義。這些東西是你每天都必須補充的，還是偶爾才會想到要吃？如果是後者……這表示你不用浪費寶貴的空間給你不常使用到的東西。

　　第二步：事實上，茶是這家人的重要飲食，所以我們在櫃子底層設了一個茶座，把糖、茶罐和茶包都放進來。

　　第三步：櫃子中段的高度最高，把營養補充瓶擺在上、下兩個轉盤，完整利用這個空間。

　　假如你喜歡喝果昔或攪拌飲品，我們也為你考慮到了。常有人問我們怎麼收納大罐的蛋白質粉，因為哪裡都擺不下。我們通常會把它們和大型物件收納在一起。這些笨重的罐子怎麼擺都不好看，至少就讓它們集中在一起。沉重的攪拌機應該放在低處（再說一次，可能的話，把重的東西都放在低層架）。

講到養生保健就不能不提到精油。我們在精油領域算是新手，第一次收納精油產品時，客戶走進來對我們說：「妳們沒有碰牛至精油吧？」我們緊張地說：「什麼？哪一瓶？碰了會怎麼樣？」警告，牛至精油會灼傷皮膚。但看看我們排得多麼愉快，根據彩虹的顏色排列這些像指甲油的精油瓶。反正最後皆大歡喜。

　　精油的近親是維他命。假如你沒有櫃子收納瓶裝的維他命膠囊，就放抽屜裡。平放，以隔板做種類的區分。

你真的不用
斷捨離

當你
需要隨時
保持連線

不論你喜不喜歡（喬安娜就不喜歡），我們都生活在數位時代裡。沒有人不准你用紙筆，但如果不打字或把資料存在雲端，資料真的存在嗎？如果沒有將照片 PO 上網，事情真的發生過嗎？如果手機只剩下百分之三的電力，你又沒帶充電器，你還活得下去嗎？（這是會讓克莉亞背脊發涼的事。）當然，答案一定都是沒有、不行、不可能。所以你必須接受它（但喬安娜不願意），你的任務是在電子產品當道之下求生存。首先，讓我們來看看你屬於初級班還是進階班。

數位時代（或黑暗時代）問卷調查

1. 你的電子郵件信箱的伺服器網址是：
   a. @gmail.com
   b. @sbcglobal.net

2. **LOL** 的縮寫代表：
   a. Laughing Out Loud.（大聲地笑）
   b. Lots of Love.（滿滿的愛）

3. 當你旅行時⋯⋯
   a. 帶三個手機充電器，兩種不同類型的耳機，iPad，還有筆電。
   b. 借小孩的平板用，只能看裡面已經下載的電影《寵物當家》。

4. 開車或搭車時，你聽⋯⋯
   a. Podcasts
   b. 兒歌，因為那是播放清單上的第一首歌，而且你從孩子兩歲以後就沒有下載新歌了。

5. 傳訊息時，你會⋯⋯
   a. 盡量簡短和友善，有一半機率會加上表情符號。
   b. 寫滿訊息的字數上限，然後在底下署名。

假如你的回答 a 比較多，恭喜你是二十一世紀的一份子。這個單元的內容對你會有所幫助，因為你關心科技發展也確實略知一二。不用怕，我們會幫你收好那些惱人的電線，連小配件也都收拾得乾乾淨淨。

假如你的回答 b 比較多⋯⋯不要覺得難過。你需要再努力一點，克服科技赤字。記得邊看邊拿筆劃重點，因為顯然你不是用閱讀器在看。

true story

克莉亞的媽媽真的以為 LOL 的意思是 Lots of Love（滿滿的愛），有次她寄了封慰問信給女兒，結尾就寫上 LOL。

電子產品配備

　　名媛克羅伊・卡戴珊把每樣東西都依照顏色分類，從書到各種電子產品。她是一位完美主義者。既然舉目所及的東西都收納整齊了，在她家工作簡直是夢想成真。至於辦公室裡的檔案櫃，我們確保每樣用品都方便拿取，以利她頻繁的旅行和工作排程。

　　第一步：把櫃子裡的東西都加以分類，像是相機、底片、各式不同的耳機等等。

　　第二步：克羅伊要求精準，每樣東西都要完美符合它所擺放的位置。這些可堆疊的收納箱既可以分類物品又便於分區擺放。

　　第三步：相機和耳機或喇叭一樣不好收納，把它們各自放回原本的盒子裡，能夠疊放得比較整齊。

PHOTOGRAPHS

LA CHAPELLE LAND

HOTELS ARCHITECTURE & DESIGN

Christian Louboutin

Patricia Urquiola

WEAR YOUR FACE

PHILIP-LORCA diCORCIA   HUSTLERS

NOX   SNAPSHOT   MEMORY   ACCESSORIES   ACCESS
                       SPECTACLES   CARDS

   PIXPRO SL10   CAMERA   TRIPOD   CAMER
                        SMART LENS CAM LENSES CHARGERS   + SELFIE STICK

CAMSS        SAMSUNG
UFILM   CAMERA
                                               CHARGERS   GALAXY

FILM   FILM   FILM   b b   FILM

600 600 600   600 600 600 600 600   600 600 600 600   600 600 600   600

如果你需要
不斷電的話⋯⋯

　　你是那種手機的電力剩不到一半就會感到恐慌的人嗎？或者每當電力顯示變紅色，你就會開始心悸？你並不孤單。這是一種常見的文明病，而且有藥可解：充電站。在家裡、辦公室或車上，任何你會花上大把時間的地方，都設置好充電站。隨身攜帶充電線是個好主意，不過如果你已經在每天會花上超過四分之三時間的地方都設了充電站，你就有四分之三的機率不會因為可能跟外界斷了連結而陷入崩潰。

　　在這個客廳的充電站，我們特別考量了動線，把電線都收好，避免暴露在視線裡。如此一來，平板和手機可以隨時充電也不會讓人覺得礙眼。

　　如果你有很多電子設備，或者想要為全家人設置一個充電站好監視使用時間，可以採用像P.77的立式收納架和一個大的USB連結埠。讓筆電、手機、iPad排好隊，晚上充電時也有地方放置。

　　假如你有超過五樣電子產品需要充電，多用幾個立式收納架把它們收好。

收納附加的配件

每樣電子產品都有電線、轉接頭和各種小配件。除非哪天所有筆電、耳機和手機都能用同樣的充電線（為什麼沒人想過要解決這個麻煩？應該沒那麼難才對），不然把所有配件收納在一個地方，應該會讓事情簡化許多。此外，這麼做也可以避免你的抽屜變成一團電線汪洋。

第一步：同類配對擺放，變壓器、電線、耳機、電池……還有一個很難理解的用詞「適配器」。

第二步：你搞懂適配器了嗎？沒懂？我也是。不管怎樣，把這些東西放進抽屜的收納盒裡。

第三步：把電線和耳機線捲好收起，免得糾纏在一起。

收捲電線似乎沒什麼訣竅，但其實有很多方法可以讓它變得更具美感。（收納耳塞原本不值得大書特書，可是我們對此充滿熱情。）

照片檔案

除非你是專業攝影師，否則你可能已經很多年不曾用手機以外的電子產品拍過照。每當我們拿起手機拍夕陽時，是不是都覺得自己像個攝影大師？而多數時候，我們拍攝和分享的照片都是數位的。

以數位的形式儲存和整理照片，好處多多。（想想看，子孫們會懂得珍惜那些擺在儲藏室或地下室多年、裝滿舊照本的沉重紙箱？在你搬去老人社區過退休生活前，決定把那些老相本都交給下一代做紀念，你認為他們會開心接受嗎？或者他們寧願你把這些東西都數位化，就像多數人現在的做法？無論如何，好好享受你的退休人生！）

一、**紙類產品真的很容易不見或毀損**。千萬別讓你的孫兒們因為地下室淹水來不及救回祖母的結婚照而抱憾終身。存成電子檔就可以隨時列印出來。不過如果你弄丟了紙本，那就永遠無法存成電子檔了。

> **對於害怕把檔案存在雲端可能會不見的人，備份硬碟是必要的**。至於隱私的問題，確實值得憂心。不過話說回來，我們兩個每天都在 IG 上分享許多不計形象的個人照，顯然目前還不需要改變做法。

二、**真正的相簿和箱子會占據許多寶貴空間**。多數人鮮少會去翻閱這些東西，只是因為情感的緣故才捨不得丟棄。（對我們來說，這些照片可以提醒未來的世代，我們並不是從以前就看起來這麼糟。）而如同渡假時不用管什麼碳水化合物，吃別人點的薯條也不需要計算卡路里，數位相片不會留下實體的東西，拍多少都沒有罪惡感。

三、**多一事不如少一事**。難道你不希望用手指點一點就可以看到所有照片，還是你寧願費勁把那些沉重的相簿一疊疊搬出來，或者得翻箱倒櫃只為了找一張照片？只要輸入關鍵字，你想要找的照片就會出現在螢幕上，是不是很神奇？

四、**你可以隨心所欲編輯照片**。不管是將一九七五年的老照片做調色，或是把前年拍的照片做美肌處理，有各式各樣的美圖程式或app，實用又好操作，無需花錢請專業人士修圖就可以提升照片品質。

數位時代前的照片

在開始整理數位照片之前，讓我們先打開天窗說亮話：有些照片必須用掃描存檔的方式處理。很抱歉，就只能這麼做了。是不是很耗時？或許吧。但值得嗎？那是肯定的。

第一步：買臺好的掃描器。為了效率，掃描的檔案一定要能夠調整大小，而且要能連結到各種電子裝置。還要有內建的顏色校正，能編輯照片。很重要的一點，最好能夠把照片存進指定的電腦資料夾裡。

第二步：掃描器的功能不盡相同，所以就不談技術問題。然而，一般來說，任何還算夠格的掃描器都可以把你掃的照片存進電腦同一個資料夾裡。這個資料夾就像是照片的煉獄。

> **從小地方開始**：我們是認真的。不要以為這是花一個週末的時間就可以完成的事。最佳行動計畫是從單一相簿或一小箱的照片開始。遵循這個規則，上傳和分類照片的過程會更好管理。

第三步：先開一個「相片」的資料夾，下一層再根據不同類別開不同的資料夾，最好是用年份來區分。把下載到電腦裡的照片，根據不同分類抓進子目錄的資料夾裡。需要的話，可以在一個資料夾裡再開不同的分類夾。

第四步：一旦照片放進正確的資料夾以後，可以點選檔案，輸入關鍵字或標籤，方便日後搜尋。

第五步：決定你要如何儲存照片。有些人傾向把照片存在電腦裡，再備份到隨身硬碟。有些人傾向用手機軟體來整理照片。還有個選項是利用網路空間，像是 Dropbox 或 SmugMug，需要密碼才能登入。重點在於哪種方式或系統對你比較方便。

> **關鍵字和標籤**：最好先設想將來你可能會如何思考和搜尋。舉例來說，如果是家族到海邊渡假的照片，你可以在標籤上註明海邊。就算你有很多到海邊玩的照片，至少篩選起來比較容易。

色彩是王道

如果你讀過我們的作品，看過我們的 IG，或者至少認識我們……你就會知道我們對顏色有所偏好。在我們的收納計畫中，以及在我們的生活裡，甚至包括我們的手機，都看得到顏色分類。每當有人看到我們的電腦或手機螢幕上的 app 是根據色彩排列，十之八九總是一臉吃驚地告訴我們，用顏色排列根本就找不到你想要用的 app。他們更吃驚的是，接下來可能會被迫坐下來，聽我們長篇大論說明為什麼這個方法是管理各種 app 最有效又最實用的方式。

在此，我們也想要告訴你為什麼我們要這麼做。你以為你逃得過這套長篇大論？請坐，朋友。

每個 app 的圖標都是精心設計的。它們的目的是希望讓你在一片茫茫 app 大海中一眼就能辨識出它。讓我們考考你，知不知道某些 app 的圖標顏色。FB？藍色。IG？紫色。Spotify？綠色。Uber？黑色。想想你手機裡還有什麼 app？你會發現事實上你確實知道它們長什麼樣子。至於那些彩色的 app 圖標，就可以放入彩色組。人類的大腦會用視覺化來記憶，就像肌肉的記憶是經過不斷重複行動而塑造。假如是你經常使用的 app，你會本能地知道它們長什麼樣子。

或許你的手機資料原本就管理得很好，各種 app 分類完整，像是社交、新聞、旅遊等等。如果這樣的分類對你沒問題的話，那就不用煩惱。但是一般來說，你還是需要滑動螢幕尋找想要使用的 app，因為缺乏足堪辨識的視覺分類。至於那些採用字母順序排列的人，我們只能祝你好運了。你比我們還要瘋狂，佩服佩服。

第一步：每個收納計畫都是從編輯開始。刪掉各種過期或不再使用的 app，它們只會讓你的螢幕更雜亂。

第二步：把 app 根據顏色放入不同的檔案夾。如果同一個顏色下有很多 app，例如藍色和綠色的圖標就很常見，可以用背景色再做區分。

第三步：最常用的 app 放在最上層，一眼就可以看到。顏色檔案夾裡的 app 怎麼排列，是這個分類系統好不好用的關鍵。

第四步：挑選和檔案夾裡的 app 顏色相符的表情符號。這個步驟很有趣，因為當你找到完美相符的表情符號，你會充滿成就感，即便根本沒人在乎你做了什麼。

你真的不用
斷捨離

當你
隨時準備
出發

這一章簡直就是我們的工作生活寫照，雖然說我們很樂在其中。正常來說，如果我們能夠連續十四天晚上都住在家裡，就算是奇蹟。要應付這種工作型態以及頻繁出差行程的唯一方式，就是一套井然有序的管理系統。就像我們訂機票的流程：

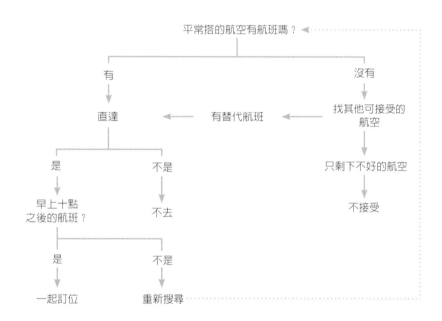

出乎意料的是，工作團隊竟然沒有人願意再幫我們訂機票。最後只好委託旅行社才不會把大家搞瘋，也不會把人給逼走。

我們會針對每件事做一份確認清單。或許是因為我們自認老到不把東西寫下來就會馬上忘記。即便是經常要做的事，好比打包行李，少了確認清單就會像是一項艱鉅的挑戰，特別是當我們累得半死還有一大堆事纏身時。如果沒有一一確認，結果就是出差一週的第一晚才發現自己沒帶牙刷或內衣褲。

打包清單

　這些物品並不一定人人適用，也不一定適用於所有的旅程，不過我們總是用同一份清單來確認出差行李，檢查必要的配備。你也可以在自己的清單上標註要穿或要用的東西，如此一來這份清單會越來越切合你的需求。

衣服

- ☐ 晚禮服
- ☐ 外套
- ☐ 每天要穿的衣服
- ☐ 睡衣
- ☐ 每天換穿的襪子
- ☐ 每天換穿的內衣褲
- ☐ 運動服

鞋子

- ☐ 白天穿的鞋
- ☐ 晚上穿的鞋
- ☐ 運動鞋

配件

- ☐ 皮帶或首飾
- ☐ 手提包
- ☐ 帽子
- ☐ 墨鏡

化妝保養品

- ☐ 隱形眼鏡
- ☐ 隱形眼鏡藥水和盒子
- ☐ 化妝品
- ☐ 每日臉部清潔
- ☐ 化妝棉
- ☐ 洗髮護髮用品
- ☐ 梳子
- ☐ 除毛刀
- ☐ 牙刷
- ☐ 牙膏

必需品

- ☐ 充電器
- ☐ 折疊傘
- ☐ 常備藥物
- ☐ 頸枕
- ☐ 手機
- ☐ 筆電和平板

完美的行李收納

　　我們常說我們只有一項眞正的技能：收納。但近來或許還可以再加上「打包專家」的稱號。以下是我們隨時可以出發的訣竅。

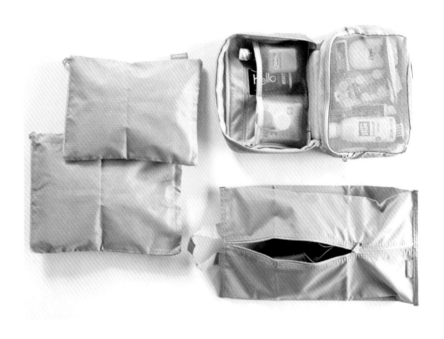

　　第一步：旅行收納袋是打包行李的重大突破，讓收與放都變得更容易。重點在於找到符合你平常分類習慣的規格尺寸。

　　第二步：網格的設計是爲了讓衣物通風，也方便你一眼就看出裡面裝了什麼。只要你把東西一樣一樣擺好而不是亂塞一通，要拿取就很容易而不用翻來翻去。

第三步：比較私密的物品，像是內衣褲或換洗衣物，我們傾向使用不透明的收納盒。避免讓海關把你的髒衣物一件件翻出來。

第四步：特殊的收納盒是為了裝鞋子或首飾之類的東西，不過最重要的當然是用來裝化妝品的盒子。但我們喜歡用有很多夾鏈袋的盥洗包把瓶瓶罐罐固定位置，而且最好選用防水材質以免液體倒出來。

退房檢查清單

你是否帶了……

- ☐ 放在衣櫃裡的東西
- ☐ 放在抽屜裡的東西
- ☐ 放在保險箱裡的東西
- ☐ 放在浴室裡的東西
- ☐ 首飾配件
- ☐ 手機充電器
- ☐ 保養化妝品

true story

最近我們去倫敦出差五天，兩個人就帶了八個行李箱。機場登機櫃檯的人員還問我們：其他同伴在哪裡？

環遊世界的旅人

為什麼外幣會讓人覺得很特別？

原因之一可能在於顏色繽紛多彩。假如你經常到不同國家旅行，可以在家裡準備一個收納盒專門收集剩下的外幣紙鈔，以便將來還可以使用。以當地貨幣準備一點小費給飯店服務人員，這一招往往很管用。

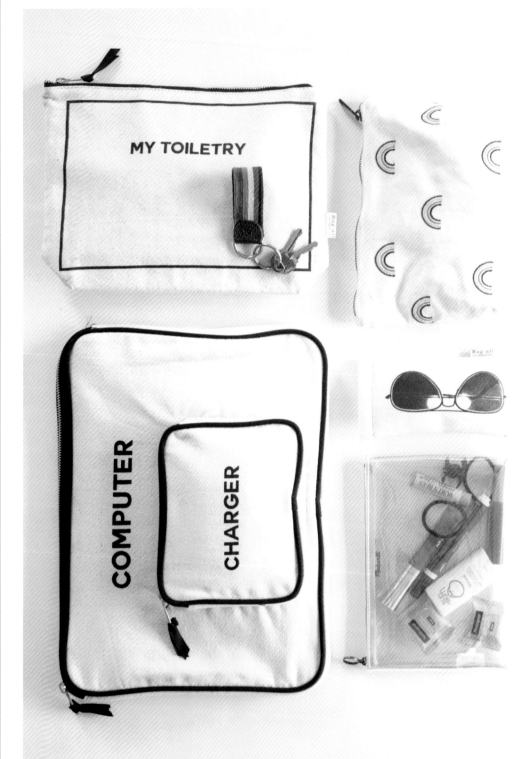

大包裝小包

　　不論是手提袋或登機包，用內袋來收納是最方便的。左圖是我們的實際示範，把這些小包從手提包裡拿出來，完全展現了你是多麼有條理的人。

1. 放筆電和平板的袋子，也把充電器和耳機都收在一起。
2. 化妝包
3. 眼鏡袋
4. 常備藥品包
5. 零食袋

　　零食袋是到目前為止我們包包裡最重要的一個。記得出門時一定要隨手帶兩條營養棒、一包堅果和兩片低卡玉米餅。千萬別不信邪！

true story

有時候我們會忘記自己奇特的飲食習慣（老實說，我們大部分的飲食習慣都很奇怪），所以每當我們在墨西哥餐廳拿出低卡玉米餅，在場每個人絕對都是一臉難以置信。

車廂收納

　　整理車內空間很簡單，只要準備一個摺疊式的收納包或置物箱（一般百貨裡都有賣，網路上也可以找到各種款式），把你最常用到的東西都放進去。經常需要的用品是：

1. 紙巾
2. 手帕
3. 備用鞋
4. 雨傘
5. 幾瓶水
6. 筆和筆記本
7. 小孩在車上玩的玩具

　　車廂收納必須考量小孩或寵物可能需要什麼，以及可能有什麼樣的活動需要準備什麼樣的東西。循著自己的生活模式，針對人事物去設想會更清楚需要的配備。

車上可能需要的東西

- ☐ 毛毯
- ☐ 換洗衣物（你或小孩）
- ☐ 狗鍊條
- ☐ 手機充電插座
- ☐ 梳子
- ☐ 帽子
- ☐ 外套
- ☐ 運動鞋
- ☐ 零食（不會融化的）
- ☐ 太陽眼鏡
- ☐ 防曬用品
- ☐ 瑜伽墊

準備去渡假

　　擁有一個渡假專用的衣櫥⋯⋯不太可能，所以我們不打算假裝有這回事。但是假如你有空間也有那些東西，何不創造一個收納渡假用品的專區？

　　第一步：找出海灘假期會用到的各種東西（我們跟假期或海灘都不熟），把所有東西都放在一起。

　　第二步：為了將收納空間做到最好的利用，我們用壓克力置物架把手提包和帽子擺在衣櫥的底部。這種豎架可以把包包立起來，既有收納的功能性，也具有展示效果。

開著旅行車去旅行

住在田納西州的納什維爾，我們經常會開著旅行車出遊。這些車都長得不一樣，有各自的風格與內裝。在車上，最有趣的一件事（如果你是收納控，而非不修邊幅的藝術家）就是到處按一按、拍一拍，把儀表板上的所有按鍵試一次，常常會有什麼神祕的櫃子、抽屜或門就這樣被打開。聽說爬上床鋪用迴旋鏢撥開床簾也很有趣。

順道一提：你不用真的買一輛露營車或大巴士才能做這樣的收納，一般休旅車、遊艇或其他較小的空間同樣適用。

美國鄉村流行樂雙人組佛喬航線（Florida Georgia Line）裡的泰勒・哈伯德（Tyler Hubbard）和他太太海莉在他們的旅行車正式上路之前，就先做好收納規畫。我們不排斥透過電腦程式設計收納系統，但這表示需要不斷提問。如果是已經有人住進去或使用的空間，可以看得出來他們的習慣和偏好。但若缺乏實際的使用線索，我們就需要一直查證和詢問客戶。

第一步：這是我們第一次把一輛旅行車停在商店外的停車場，方便我們不斷進進出出買東西、擺東西。大多數的收納空間都不是設在四顆輪子上的，所以我們得把握眼前的機會。

第二步：旅行車（或其他移動式住家）的內裝設計不會浪費任何空間，所以才有一堆隱藏式櫃子，因此我們要確保每個置物櫃都妥善利用。我們拿了一疊便利貼，把所有可以用的空間標示出來，作為收納的地圖指引。

　　第三步：從車子的後段開始，也就是浴室。目標是讓收納擺設和內裝設計一樣令人驚嘆。由於抽屜空間有限，浴室的主要櫃子必須放置基本用品。計算過毛巾和衛生紙的大小，我們決定用籃子把所有清潔和沐浴備品裝起來。

　　第四步：讓抽屜裡的東西保持平放，以免行進間不慎翻倒。

　　第五步：廚房的抽屜也是同樣道理。最重要的是，設置一個吧檯，擺滿他們喜愛的咖啡和各種茶品。開車上路很辛苦，把車內空間弄得像家裡一樣舒適，會讓人覺得輕鬆一些。

true story

我們在抽屜和架子底下都鋪了墊子或毯子，
避免東西在車子行進間滾來滾去。

在歌手湯瑪斯‧瑞特（Thomas Rhett）的旅行車上，我們想要替他妻子羅蘭和他們的女兒打造家庭友善的抽屜。女孩們有自己的小抽屜，裡頭擺了吸管杯、零食和固齒器，而羅蘭也有自己的櫃子，不用和丈夫收藏的鞋子共享空間。我們最喜歡的一個抽屜裡擺滿了湯瑪斯的護嗓法寶，包括蜂蜜、茶、止咳糖等保護聲音的必備品。

歌手都需要很多溫熱飲，音樂創作人凱爾希・巴勒里尼（Kelsea·
Ballerini）也不例外。各式各樣的茶和咖啡分類整齊排在填充收納格
裡。而冷飲（香檳）則放在冰箱的抽屜裡。

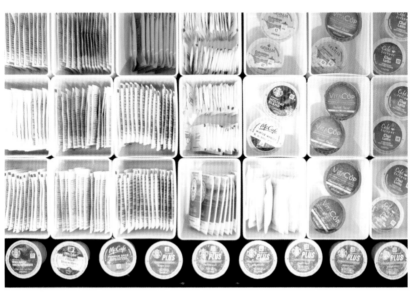

　　　　　　　　　　　　　美感收納術　THE HOME EDIT LIFE

雖然車上沒有寬敞的儲物櫃，還是可以把必備的食物收進小箱子裡，還有一個擺滿零食和口香糖的抽屜，方便隨時拿取。

飲料外帶區

　　一大早就得準備出門工作，有時候感覺像攀爬聖母峰一樣累人。如果再加上小孩攪局，實在讓人很想滾下山崖。打造一個「外帶」的早餐飲料吧，至少有助你在行程緊湊的情況下節省點時間。

　　第一步：咖啡、茶和熱巧克力分區存放在抽屜式收納箱裡。

　　第二步：把最常使用的杯子和隨行保溫杯從廚房的櫥櫃移到外帶區。

　　第三步：甜味劑放在最上層的抽屜，確保每樣東西都就定位，裝備齊全。

你真的不用
斷捨離

當你是
爲了
工作需求

我們對那些因爲工作需要而堆積了很多東西的人深表同情。一個美妝部落客有幾百支口紅，或者一個籃球員有上千雙球鞋，都是可以理解的事。我們不認爲那是過度浪費，只是一個需要找到解決方法的空間問題。而剛好我們對此略懂一二。

　　其實我們自己也好不到哪裡去！身爲收納專家，我們有多到用不完的手套；身爲職業婦女，我們有各式各樣活動要穿的衣服和鞋子；身爲經常出差旅行的人，我們有很多旅行箱和旅行包，更不用說裝滿油漆筆、標籤用品、手機充電器和備用電池的手提包。再度重申我們的信念：收納不等於極簡主義。*收納不表示你不能有太多東西。但你必須好好對待和善用它們，以及你的空間。

＊ 除非你嫁給攝影師，大型器材占了壁櫥的九成空間，而且每樣東西都是工作必備。雖然這種情況很惱人，你希望他可以像別人那樣用手機拍拍就好。但往好處想，至少他有把東西收好。

如何判斷
某樣東西該不該留下來
（工作空間生存術）

1 每週都會使用到。你不只需要它，還需要伸手就拿得到。想到就能用到的東西，理所當然不能少，不管是放在抽屜裡或書架上。

2 不一定每週都會使用到它，但會用到類似的東西，而你需要有不同選項才能把工作做得更好。多樣性是生活的調味料。

3 你會大量使用到的東西，所以需要很多存貨。我們從來不怕囤貨，你也不用擔心。

4 你身兼多職，需要很多用具。給自己打打氣，你真的很棒，認真努力工作，還讓每樣東西都有容身之處。

5 你以住家為基地，正在發展自己的事業。這肯定是很不容易的事，但你一定做得到。設置工作區和儲物區，避免讓工作的東西滲入你私人的生活空間。

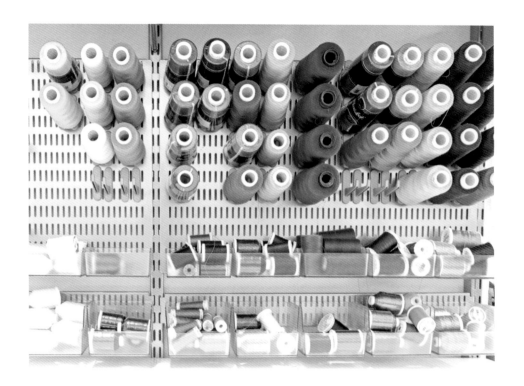

時尚設計師

　　這種釘板架幾乎在各行各業都管用，但不得不承認拿來掛線軸特別好看。再加上架子、鉤子、容器，就創造出一個可以隨需要而擴充的收納系統。

週間當護士，
週末做麵包

　　這個衣櫃屬於我們最喜歡的一位客戶。就像其他許多人，她身兼兩份工作，需要依照工作需求調整穿著。她剛恢復單身，所以我們特別留了一個空間給約會裝扮。分區收納萬歲！

　　第一步：根據週間到週末的動線安排衣櫥擺設。掛在吊桿上的衣服依序排列：從週間的休閒服和護士服，到週末夜晚的性感區，然後是週日上教堂的衣服。

　　第二步：由於她的第二份工作是家庭烘焙，希望有一區專門擺放舒適的工作服。我們稱這一區為……廚師服。了無新意，還洋洋得意。

　　第三步：本來她和前夫共用衣櫥，現在我們以她最喜歡的顏色（淡粉色和金色）為基調，包包和飾品也都分區收納。

true story

當我們找到粉紅色的置物箱和金色的標籤夾時，真的忍不住在店裡尖叫歡呼。

業務經理

　　這是我們業務經理的辦公室。你可以想像要整天、每一天都面對我
們是什麼感受？一定很難捱。單單就憑這個理由，他們絕對需要畫面
裡所有的東西，而我們只是盡可能把每樣東西都歸位整齊。

　　第一步：為了收納大量的辦公室用品，我們有一片壁掛式收納架。
重要的是，它有足夠的小抽屜可以擺放雜物，還有桌面可以放印表機
和郵資計算機。

　　第二步：我們希望妥善利用這個收納系統的牆面空間。加上釘板架
有助收納像是迴紋針、橡皮筋和印章之類的小東西，也可以把剪刀和
膠帶座掛在鉤子上。

　　第三步：架子最上層的影印紙加起來就代表喬安納有多少郵件要印
出來。我們必須確保有足夠的存貨，因為你不知道什麼時候會收到一
封十二頁長的郵件。

鞋類設計師

true story

我們的洛杉磯團隊親自組裝了這些架子。
還好是他們，不是我們兩個，因為組裝不
是我們的強項。

　　當我們第一次把時髦球鞋品牌APL辦公室的這張照片上傳到IG，很多人以為它是哪個名人的鞋櫃。你可以想像接下來會是對於「為什麼他們需要這麼多鞋子」的集體憤怒。好問題，因為他們是鞋子公司，而且這些是樣品鞋！所以他們當然需要這麼多鞋，而且一雙都不能丟。

學校老師

　　老師真的是世界上最困難的工作。每天八小時要應付一整個班級的小毛頭，實在很折磨人，更不用說有多少課前準備和進度表，以確保學生愉快學習而且真的學到東西。每個老師都值得獲得最佳服務獎，但是我們能幫上忙的地方只有收納。

　　沒有什麼地方比教室更需要分區收納！這是位於曼菲斯的一間教室，我們設置了手做區、閱讀區、學習遊戲區，讓學生們可以自己找對地方做對事。需要老師管理使用的物品（像是彩色紙）收在櫥櫃裡，課堂需要用到時再拿出來。

派對規畫師

把時間花在收納有趣的派對用品是一種享受，而 Little Miss Party 的辦公室也確實沒讓我們失望！事實上這間辦公室位在老公寓裡，收納櫃原本是用來掛衣服的，而不是掛一堆氣球。我們讓它變了身。

第一步：這個落地架本來就擺在衣櫃裡，我們利用它盡可能把垂直空間最大化。但如果只是把東西堆在架子上，對它們或使用的人都沒有好處，尤其你想想看那些紙類產品有多精緻。

第二步：沒有什麼比東西搭配得剛剛好更令人滿意的了！這些壓克力抽屜和收納盒恰好毫米不差地填滿架上空間。把各式各樣的小東西放入透明收納盒，之後要清點和打包拿去派對使用也更容易。為了不辜負上面的吊桿，我們用一般拿來收納手提包的掛勾，把燈籠和聚酯纖維氣球吊在上面。

第三步：完成派對公司的辦公室收納，怎麼能夠不辦一場派對！我們把漂亮的紙杯做了最好的運用……倒入香檳，一起舉杯慶祝！

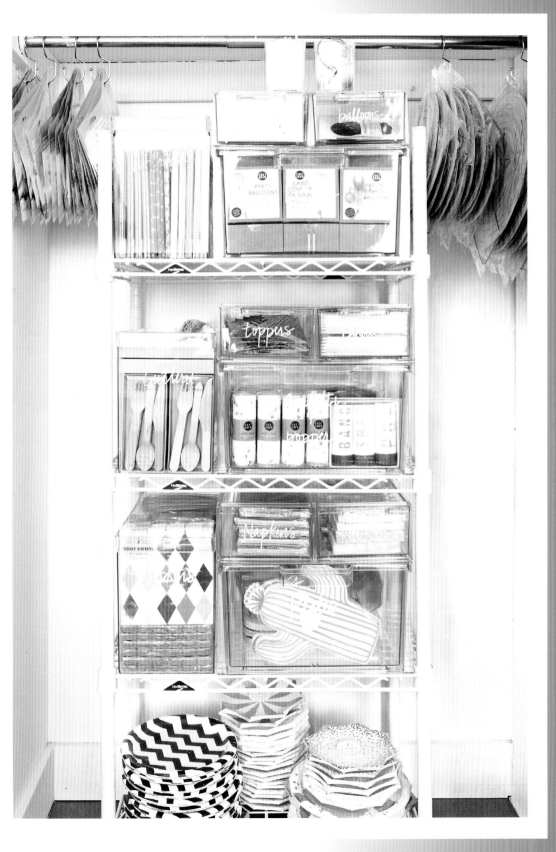

設計師和老闆娘

我們最好的朋友莉亞，網路商店 Love & Lion 的老闆娘，居家就是她的辦公室。雖然牆面和桌面都經過精心規畫，但是有很多存貨東擺西放，堆得到處都是。然而經營網路商店不能沒有存貨，她能做的是找到更好的收納方式，避免小孩躲在一堆 T 恤底下。

第一步：商品分成幾大類：T 恤、紋身貼紙、手提袋、包裝紙。

第二步：把寄送商品要用到的所有東西擺在架子最上層，按照撿貨和出貨順序安排會更順手。

第三步：所有禮物盒（和哈利波特眼鏡）事實上只是活動或特販時需要用到的道具，所以收進單獨的籃子裡。

true story

包裝紙捲其實不好收納……所以我們用雜誌收納盒和廢紙簍來裝。總是能夠找到解決辦法，只不過有時候需要跳脫傳統的思考框架。

YOUTUBE
工作室

　　這是我們第一次收納YouTube工作室，希望可以讓演員薛・米契爾（Shay Mitchell）百分百滿意。你可能以為個人工作室沒有那麼複雜，但是有很多攝影器材是我們從來沒見過的，所以我們不斷傳照片給克莉亞的先生看，問他哪個機器是配哪一條電線。還有很多美妝和美髮用品要整理。這是一個打了很多求救電話的收納計畫。

　　第一步：工作室分為三區：化妝和造型產品區；電子器材和健身用品區；攝影機和燈光設備區。

　　第二步：搞清楚充電線和傳輸線的差別之後……我們對自己引以為傲，彷彿破解了一個神祕的網路密碼。各式各樣的電線都收進正確的籃子裡，之後就算是像我們這樣腦袋不清楚的人也不會再搞混了。

　　第三步：最常使用的美妝產品，像是脣蜜和頭髮造型噴霧，採用轉盤和收納罐的組合。備品和大型用品放在底層的抽屜裡。

精品店的辦公室

　　我們很開心時裝設計師克莉斯汀・卡瓦拉里（Kristin Cavallari）來到納什維爾，更興奮的是她在市中心開了精品店 Uncommon James。尤其令人雀躍的是我們有機會收納她的辦公室。

　　第一步：克莉斯汀喜歡配色，正合我們的意。粉紅、白色或金色？沒問題，包君滿意。我們買了很多粉色的文具用品，還用粉色樹脂製作客製化標籤。最有趣吸睛的是影印機旁邊的托盤式置物架上，寫著 forgot something（忘東忘西）的標籤。

　　第二步：辦公室裡要有零食才會完整，但我們希望零食區能符合辦公室的美學。零食的色彩搭配背景環境的色調，再以手工堆放。

　　第三步：他們還需要一個派對用品區（沒錯，我們也做了標籤），現在那些氣球、蠟燭和吸管可以隨時派上用場。

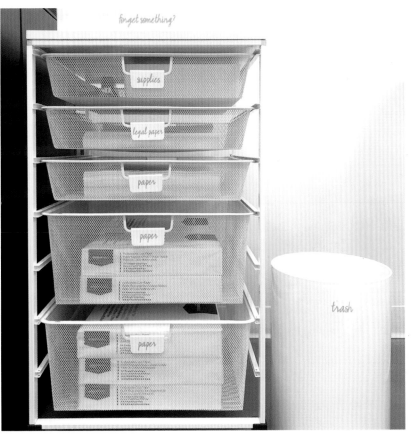

籃球員

替「閃電俠」德維恩·韋德（Dwyane Wade）整理籃球鞋是出於愛且不計報酬的工作。當時我們團隊在他家裡有幾項收納計畫正在進行，就在我們經過他的球鞋櫃時……怎麼忍得住不把每雙鞋拿下來好好看一看、摸一摸？不這麼做實在違反人性。這些球鞋韋德都真的穿過（他進進出出好幾次，挑選要練習或比賽的鞋子），而且都是個人品牌，所以他經常需要展示不同款式和顏色。把這些球鞋排整齊且能夠一覽無遺，是首要任務。

第一步：收納這些鞋子像是計算數學公式。橫軸和縱軸都有很多不同顏色的鞋，為了避免像轉魔術方塊一樣亂了套，我們實際上計算了所有鞋子的顏色，畫了配置圖，把同系列的擺在一起。

第二步：除了架上的鞋子，還有很多連鞋盒都沒打開的球鞋需要收納。我們也把這些列入排列算式中。

第三步：由於持續有新的鞋款進來，所以我們在後排牆面留了一個開放空間，容納更多鞋子。記得，預留空間是收納過程不可或缺的一環。一旦空間使用率超過八成，就有失控的風險。

true story

整理籃球鞋是很有效的運動。每雙鞋就像五磅重的槓鈴，而且我們在梯子上爬上爬下的，相當於一天走了八英里的路。

美妝部落客

一般來說，如果你擁有超過一百支唇筆，我們會建議你減少一點。畢竟不可能全部用得到，對吧？但如果是美妝部落客，那就另當別論了。彩妝大師凱倫・岡薩蘭茲（Karen Gonzalez）經營YouTube頻道iluvsarahii，她不只有很多彩妝用品，她整個生涯都繞著彩妝打轉。我們的終極目標是打造一個可以突顯她對彩妝的熱愛，又能簡化她每天工作流程的空間。

第一步：工作室裡設置一個化妝區，還有一個美髮用品區。

第二步：化妝品的種類繁多，以抽屜式隔層和收納格分別擺放粉底、腮紅、唇膏、眼影。

第三步：把衣櫥的櫃子拿來擺放乳液、美髮用品和配件。透明轉盤適合用來收納噴霧和精華液，讓瓶子立起來且好拿取。

第四步：吊桿上的衣架掛著拍照擺飾用的各種布料。統一的衣架讓空間感更舒適也能保護精緻的布料。

你真的不用
斷捨離

當你
有小孩
要顧

假如你有小孩，或正計畫要生小孩，或曾經帶過小孩，你可能已經深深體會到，小孩就等於很多很多東西（有時候是非常非常多）。雖然我們不希望你對滿屋子的玩具和孩子的用品感到罪惡，但你必須遵守我們的收納規則，才不至於讓家裡變成玩具店。

我們曾經分享過一些清理居家環境的方法，像是趁小孩上學時，拿一個大垃圾袋從客廳到房間收拾一圈，或者是把所有沒有固定在地板上的東西都捐出去。但我們忘了總有一天小孩也會看得懂我們寫了什麼。他們可不覺得這麼做好笑。但這也是提醒他們，把玩具、衣服、遊戲、拼圖、娃娃丟在地上時，別人就不會珍惜它們。留著你不愛惜的東西有什麼意義？說這麼多，除了代表我們是很酷的媽媽，也是要告訴你，如果你把所有玩具和遊戲都收好也整理好，就可以把它們都留下來。沒有人希望自家的客廳變成拼圖滿地的地雷區。

怎麼處理孩子的雜物

1 **東西已經破損**：扔進垃圾桶。馬上。你不可能修理它，也無法拿去捐，你最好朋友的女兒也不會想要一個壞掉的玩具。

2 **東西缺了一部分**：處理方式同上。

3 **已經不適合孩子的年紀玩**：你可以把它留給下一胎，或者送給朋友家年紀適合的小孩。

4 **孩子喜歡，但是你不喜歡**：聽孩子的……我知道這是你的家，但是童年無價。等到孩子對它失去興趣，你的機會就來了。準備好垃圾袋。

5 **太特別了捨不得丟掉**：你從來就不用扔掉對你有意義的東西。但你必須用與它們的重要性相等的方式好好收納它們。不論是孩子的第一條被子、小時候最喜歡的玩具，或是畢業帽和畢業袍，這些東西應該裝箱並貼上標籤。否則你只是讓它們放在那裡吃灰塵，最終可能連塞到哪裡去都不知道。

　　家有小孩，就有一大堆理由得準備比別人更多的東西。每個人的情況都不同，空間限制和偏好也不同，孩子幾個也有差。我們的目標是為這些雜物打造一套收納系統，讓家裡每個人的生活都不會受到妨礙，也沒有罪惡感。

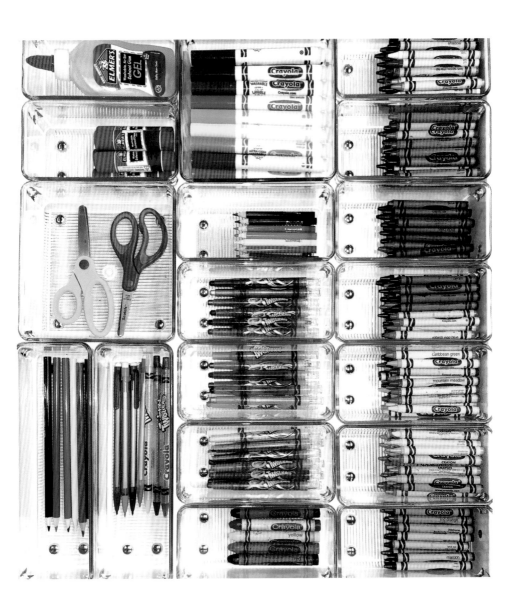

彩虹雙胞胎

　　以防你不知道什麼是「彩虹寶寶」（rainbow baby），或者在這個案例中是「彩虹雙胞胎」，這個詞的意思是指：媽媽經歷流產、早夭或其他可怕原因而失去骨肉後，終於再順利誕下的嬰兒。所以你可以想像我們對這次的收納計畫有多麼戰戰兢兢。有兩個主要目標：一、設計一套收納系統可以容納大量的嬰兒用品，因為是雙胞胎，分量加倍；二、為照顧新生兒這件事增添一些樂趣。這個房間本來是要留給之前失去的那個寶寶，所以做父母的很難自己下手改造。

第一步：預留更多空間好容納所有的尿布。在出生後第一個月裡，雙胞胎大概需要用掉六百片尿布。沒錯，真的是六百片。替雙胞胎換尿布，講求快狠準，畢竟你只有兩隻手。（有什麼比這壓力更大的工作？）所以我們加裝了掛在門上的收納架，放置尿布、濕紙巾和乳液備品，以便隨時拿取。

第二步：尿布檯最上層的抽屜最適合放尿布用品。

第三步：小寶寶的所有衣服根據適穿年齡分類。然後……按照顏色排出兩道彩虹。如果沒有這樣做，我們就算怠忽職守了，而且這麼做是一舉兩得，實用又美觀。比較大才會穿到的衣服就收進架上的籃子裡。

第四步：我們另外準備了兩個抽屜式置物架，收納所有可以折疊的東西、配件和髮帶。

第五步：在此要強調，P.143的手工書架是客戶的父親做的。擺在房間正中央，放上各種顏色的玩具和童書。

幫寶寶換尿布

　　就算不是雙胞胎也會需要很多尿布。新手父母常常被這件事搞得手忙腳亂（有經驗的也差不多），若是三更半夜要換尿布，就更令人崩潰了。所以在設置尿布檯時，我們試著回想自己孩子剛出生的那一年，凌晨三點起床，一手抱著嬰兒、一手伸進抽屜，睡眼惺忪又不能開燈，要怎麼把尿布換好。

　　第一步：尿布根據不同尺寸分別擺放，抽屜裡裝的尿布必須符合寶寶目前的需求。

　　第二步：對新生兒來說，濕紙巾永遠不嫌多，所以抽屜裡可以多擺幾包。

　　第三步：緊要關頭時都可能用得到的東西放在抽屜其他的收納格裡，包括：屁屁膏、脹氣舒緩按摩膏，還有安撫包巾。

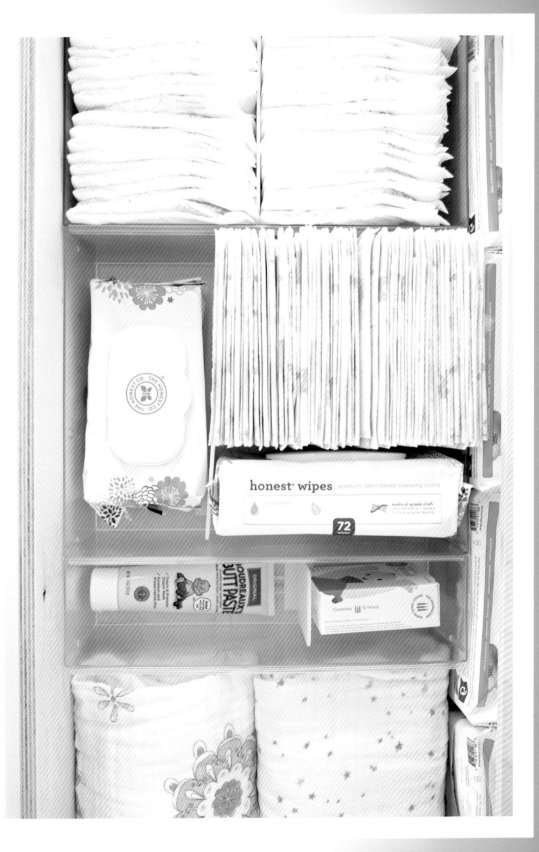

餵新生兒喝奶

時尚設計師勞倫・康拉德（Lauren Conrad）會幫自己的寶寶做嬰兒食品。我們本來還以為這些器具是咖啡機和咖啡壺，直到她解釋如何用它們準備自製的寶寶食物。我們對於製程不是很了解，倒是樂於把這些用具好好收進廚房的櫥櫃裡。

第一步：比較大型的電器用品放在架子底層，以利搬取。

第二步：其他需要的用品，還有像奶嘴奶瓶這些小東西，都收進可疊式的抽屜箱裡。

第三步：有多少奶瓶清潔劑就代表換了多少次尿布，所以我們把清潔劑備品和沐浴乳與洗手乳都放在架子最上層。

迎接女娃兒

替演員敏蒂・卡靈（Mindy Kaling）打造嬰兒衣帽間，首先也最重要的工作是，把所有東西開箱，分區放好。我們希望設計一個不落俗套、明亮又適合小女孩的空間。敏蒂對顏色和造型很有一套，她家的房間一間比一間漂亮，衣帽區必須跟其他地方一樣賞心悅目。

第一步：由於是第一胎加上是個女寶，結果就是一大堆粉紅色的東西。我們先把所有粉紅色的物品整理出來，擺在櫃子上加以突顯。

第二步：包屁衣、嬰兒襪和紗布巾摺放在抽屜裡，洋裝和外套掛在架上（任誰都會忍不住多看漸層又毛茸茸的外套一眼）。

第三步：把各種粉紅色的嬰兒鞋（沒有什麼比買嬰兒鞋更令人開心的事）擺上架，寢具和床罩摺疊好，飾品和書也展示在層櫃上。

第四步：每個新生兒都是一段回憶，所以我們準備了寶藍色的回憶箱，讓敏蒂可以收集所有具有特殊意義的東西。

喜歡把家裡
搞得一團亂的孩子

　　假如你家小孩熱愛揮灑創意、到處塗塗抹抹，那麼畫筆和黏土應該是不可少的用具。但塗鴉藝術不等於家裡要變得像街頭廢墟一樣。你可以設置一個塗鴉站，把混亂限制在一個區域裡。有些父母很隨性，讓孩子在遊戲室或廚房櫃子上都可以亂塗亂畫，但我們沒有那麼好耐性，寧願把孩子趕到車庫去作畫（老實說這樣聽起來很慷慨了）。

　　第一步：所有畫畫工具收整在盒子裡，自成一區。

　　第二步：顏料、黏土、畫筆和其他需要用到的東西分別收納。

　　第三步：再三確認是不是要允許孩子可以隨時拿到這些東西（這真的需要很大的勇氣），在這個案例中，我們把它們都擺在孩子方便拿取的架上，比較重的東西放在下面。

勞作區

　　勞作是塗鴉的好朋友，所以重點差不多。同樣建議設置一個專區，
把畫筆清潔劑、波波毛球、亮粉和膠水分開放。警告孩子不能把亮粉
撒滿整個屋子……這種事真的發生過。說對不起也來不及了，孩子！

　　第一步：勞作的用品可以分成兩大類：「最好放在罐子裡」和「最好收進抽屜裡」。沒有正確或錯誤的答案，但如果你有不同的收納方式，最好能一體適用。在這個案例裡，罐子用來裝類別比較多的東西（見 P.155），抽屜則是放類別比較少的東西。

　　第二步：類似的東西放在相鄰的收納格裡。舉例而言，膠帶、夾子、貼紙都是用來黏東西或固定東西的，所以放在一起。

食物過敏的孩子

孩子有嚴重的食物過敏是做父母的夢魘。每個營養標示不僅是成分說明，更像是一種危險訊號。假如你有不只一個小孩，而他們都各有飲食限制，家裡就要準備比平常更多種類的食物。整理這個廚房的置物櫃和冰箱是一項充滿壓力的挑戰……非關收納成敗，重點在於正確標示。

第一步：所有含有過敏原的食物（花生或乳製品）都另外收納，放在不同的區域。

第二步：安全的零食放在一家人都方便拿取的罐子裡，有危險成分的零食同樣裝罐，擺在最上層的架子。從照片裡看不出來，但實際上我們標示了「危險區」，避免不小心搞混。

第三步：冰箱比置物櫃更危險，因為東西擺得很靠近，還有更多過敏原（牛肉和豬肉），所以必須劃出一個很清楚的危險區。我們把冰箱空間分兩半，再把每樣東西都裝進保鮮盒裡（即便是抽屜裡的東西），以免滲漏出來。

第四步：抽屜標上孩子的名字，避免拿錯（從來沒有這麼慎重其事的標籤）。

九個小孩！

　　我們經常要為客戶抵擋一些批評聲浪，像是：「誰需要那麼多瓶洗手乳？」但是在這個案例中，他們確實就需要這麼多洗手乳。事實上，他們每樣東西都需要這麼多的分量，因為他們有九個小孩！九個！沒有雙胞胎，沒有繼子女，也沒有同父異母或同母異父的兄弟姊妹。我們親眼見證，逐一打過招呼，但還是很難相信。他們必須準備足夠整個家庭使用的東西，當然數量可觀。

　　第一步：九個小孩裡面有六個在上學，每天出門都像在打仗。洗衣間變成是晨間活動的樞紐，所以我們設置一個盥洗站，讓他們可以刷牙洗臉，順道補充維他命，然後帶著各自的午餐盒出門。

　　第二步：洗衣間裡擺放每天都要用到的大量清潔用品。有些孩子是敏感肌，我們用不同的瓶罐裝專用的清潔劑。

　　第三步：很多地方都需要擺上一瓶清潔劑和洗手乳，所以牆上做了收納空間放備品。雖然看起來很多，但你想想看有多少雙手、多少碗盤得不斷清洗。

學齡孩童

如果新生兒的同義詞是不斷換尿布，那麼小學階段的孩子就是一堆紙。真的是無止無盡的紙。每天下課回家，他們的書包裡有美術作業、拼字測驗、塗鴉設計，還有畫到一半的什麼東西，沒有用處可是捨不得丟掉。當然有些確實值得留下來，但不是全部。試著保持理性客觀，決定什麼該留、什麼不該留（很怕我們的孩子會看到這一段）。

第一步：把成堆的紙張分類：作業、圖畫、藝術創作和留作紀念。使用符合物件大小的收納箱，有些適合放紙張，有些適合放大型的勞作或有情感價值的東西。

第二步：所有蠟筆、馬克筆和色鉛筆都放在有顏色的小盒子裡，排出一道彩虹。

第三步：學校用品和筆記本放在桌上隨時取用，比較少用到的東西，像貼紙簿和著色書，就收進抽屜裡。

愛運動的孩子

　　對這個主題我們所知有限，因爲家裡沒有運動細胞好的人……但我們從經驗中擷取一些實用的技巧，希望有助你的居家收納。我們學到的第一件事情是，家有熱中不同運動的小孩，要參與不同的球隊、聯盟和競賽，對家長是一大考驗。除了付出時間和精力（眞的要向親身投入的父母致敬），各種設備也很占空間。我們認爲教練應該先出具免責條款，讓父母知道得犧牲多少空間以換取孩子的運動生涯。

　　第一步：把所有運動用具和設備分類（我們自娛娛人地把光劍也分成一類）放在不同的位置。

　　第二步：棒球是最常見也最迷人的運動，所以球棒、球、手套獲得最顯眼的位置。（通常用來放拖把和掃把的鋼架，拿來擺球棒剛剛好！）

　　第三步：額外的裝備和戶外用品可以放在下層的抽屜式拉籃裡。

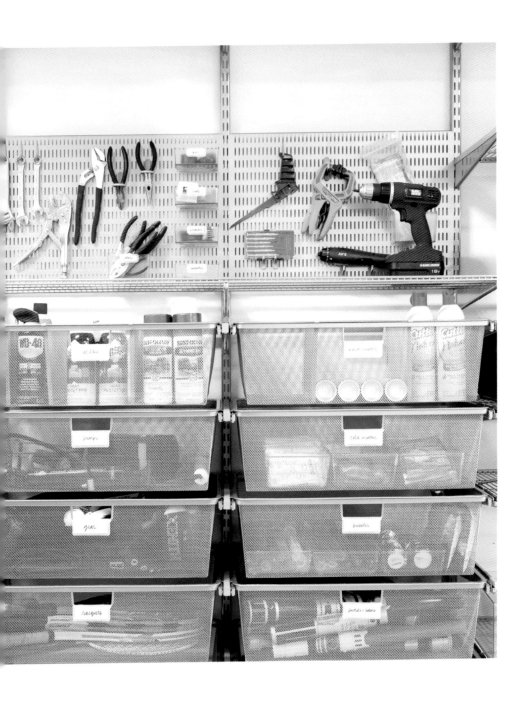

假如你傾向把東西放在室內，而非車庫，試試組合式收納箱，就像下面的示範。所有大件物品都收在底下的籃子裡，架上的箱子裡裝了各種雜物，從高爾夫球到護具都有。如果每個球隊需要穿不同的球衣和球鞋，記得標示清楚。

你真的不用
斷捨離

當你
有寵物
要養

寵物就像我們的小孩，對吧？我們像愛孩子一樣愛牠們，對待牠們就像對待家人，而且牠們每天需要用到的東西也不少。如果可以應該盡可能滿足牠們，畢竟牠們的愛是無條件的，也從來不會要求我們買什麼，更不會帶了一堆作業或勞作回家。牠們甚至不會頂嘴。這樣說來，養貓養狗似乎更值得！牠們是家裡的無名英雄。

養幾隻貓咪

　　貓跟人類很像……牠們開心的時候才會理你，牠們的嗜好包括每天清潔身體和觀察人，家人出門幾天牠們也可以自己活得好好的。另一個優點是，理論上牠們占的空間與留下的足跡比狗少很多，所以需要的收納系統也簡單一些。

　　第一步：老實說，這隻貓不喜歡喬安娜（顯然在收拾抽屜時兩人意見不合，而且互不相讓）。我們尊重不同意見，所以這次任務的第一步，就是把他們兩個分開，讓他們待在各自的角落裡。

　　第二步：看看這些小東西有多可愛。我們把貓咪的美容用品、玩具和飼料盆分門別類放在透明的收納盒裡。

　　第三步：雖然貓砂收進櫃子裡，但飼料放在抽屜，準備食物時比較不麻煩。

家有毛小孩

　　對許多動物愛好者來說，只養一隻不夠。這表示各種寵物用品的數量會跟著增加。為了避免家裡成了寵物旅館，最好在東西堆滿客廳之前想好收納解套。在這個案例中，我們在車庫裡闢了一個專門用來擺放不同尺寸的寵物床、貓砂和寵物美容用品的地方。至於小玩具和裝扮的衣物（真的有很多裝扮貓咪的東西），則以組合式收納盒和轉盤收好，放在架子的最上層。

狗狗是人類
最好的朋友

應該不用我們提醒你，狗狗無條件愛著你！你還能這樣形容誰？你媽媽？當然……她愛你，可是她也會打電話給你，說她看見你貼在 IG 上的旅遊照片，而且她算過了，你喝了好幾杯酒！我們很愛媽媽，只不過狗狗不會算數也不會打電話，好感度加分。

第一步：很多人把寵物用品放在洗衣間。事實上，洗衣間變成擺放各種雜物的地方，從生活用品到清潔用品，最後連狗糧都堆在裡面。我們的首要任務是把不同物品用容器收納起來，依照使用頻率分配位置。顯然屋主的狗贏得最重要的地位，還好這是一個有門的置物櫃，狗狗無法打開門搶糧。

第二步：在這個狗狗專區，我們重新調整收納盒的位置，把食物和零食這類最常用到的東西放在最好拿取的地方。還有很可愛的狗狗裝，但是重要性略低，被移到架子上層。

至於大型犬，好比演員蘿拉‧鄧恩（Laura Dern）的狗，我們用耐重收納箱來裝比較重的東西。從狗鍊到給狗狗啃的骨頭都倍數放大，所以得確保有足夠空間再放其他東西。分類方式和P.176差不多（濕糧、乾糧、美容用品、散步用具、零食），但一件衣服都沒有！今年萬聖節我們打算寄件衣服給傑邁爾。

　這個洗衣間內建了狗籠，我們盡可能讓檯面像其他房間一樣保持乾淨簡約。狗糧和零食放在角落的罐子裡，中間的托盤上有香氛，讓室內沒有狗味。

當狗狗
是個大人物

　　我們和許多名人合作過，但從來沒有哪個人的地位堪比犬界的流行天王 Doug the Pug。可不是誰都有機會跟這隻巴哥犬親自交手。牠親切、溫暖又超級可愛，而且或許是到目前為止我們遇過要求最低的客戶。牠甚至連吠都沒吠一聲。

　　收納計畫一開始，我們仔細研究牠滿坑滿谷的衣服（順道一提，牠穿兩到三歲的童裝尺寸），決定設置一個衣櫃擺放所有衣物。為了利用牆面的空間，採用客製化的 Elfa 系統櫃。

　　第一步：一直分類、一直分類，在整個收納過程中，主題分類是最重要的，因為狗主人需要能夠快速找到披薩裝（食物主題）或南瓜裝（萬聖節主題），或者是花圈（夏威夷主題）。

　　第二步：正式服裝或時裝類（沒錯，不然牠要穿什麼去參加皇室婚禮）就掛在衣桿上，避免弄皺了。

　　第三步：除了網路上與粉絲互動，牠也是商界大亨，衣帽間要能夠展示牠代言的產品。

　　第四步：我們喜歡展示牆，這次也不例外。小靴子、運動鞋、平底鞋整齊排列在架上，墨鏡（巴哥戴起來尤其具有效果）依照彩虹顏色掛起來。

第五步：可以收摺的配件，像是手帕和領結，收納在底下的抽屜裡。

一隻松鼠？

你猜得沒錯……我們就是要替松鼠做收納。我們要幫一隻毛茸茸的小朋友打造一個專區。任務完成！

第一步：考量過松鼠的生活習性和愛好，我們認為分區不重要……因為牠是一隻到處跑的松鼠。

第二步：綜合堅果和核桃分別放進罐子裡，備品則收進上方的置物籃。

你真的不用
斷捨離

當你
喜歡辦趴
慶祝

有些人喜歡慶祝，而有些人喜歡被慶祝。就像有些人喜歡送別人禮物，有些人則喜歡收到禮物。（這又回到人格類型的問題，猜猜看我們是哪一型？）對於熱愛各式派對的人，我們聽到你的心聲了，我們很榮幸可以為你收納各式餐盤、餐具和包裝用品。

送禮
送到心坎裡

　　謝天謝地，還好有喜歡送禮物的人。知道他們很享受挑選禮物的過程，讓我們這些喜歡收禮的人感覺好過一些。我們永遠不會剝奪你們的這項樂趣，每當你們遞上綁著漂亮蝴蝶結的禮物時，我們都會樂於興奮尖叫。

　　第一步：把所有禮物從架上搬下來，重新根據場合分類：喬遷派對、假日派對、小孩派對等等。

　　第二步：多數禮物是要送給女主人或家庭的，把它們擺在下層；給孩子的禮物往上擺，讓孩子看不到也拿不到。

　　第三步：櫥櫃的門板上本來就設計了架子可以放包裝紙捲。根據彩虹顏色排列包裝紙，也算是賓主盡歡的收納法。

怎麼收集更多禮物？

1　孩子收到一個需要裝電池的禮物，還會發出惱人的聲音或閃光：趁他不注意時把東西收起來，放進轉送物品堆裡。

2　你收到一盒禮物，但是只想要其中一半的東西：好好利用另外那一半，可以再轉送給其他人。

3　你爸爸每年都買一副紫水晶耳環送你，你不忍心告訴他雖然那是你的誕生石，但你根本不喜歡紫水晶……當然有人會喜歡它們。

4　你找到一樣你喜歡的禮物（蠟燭、書之類的）：多買一些確保以後你不會兩手空空去別人家。

5　你不喜歡但又不能退的禮物，就把它留下來！轉送給別人是更好的選擇。

　喜歡送禮物的人需要很多包裝用品。你不可能拿著一個沒有包裝的香氛蠟燭去參加晚宴或生日派對。在這個特別的收納設計中，我們用一個櫃子把所有的包裝紙、緞帶、彩帶都放在一區。包裝紙常常會捲來捲去很難收納，所以不用擔心收得不好看。只要能夠收好（又按照顏色排列）就已經夠好了！

　有些禮品包裝檯看起來很炫。假如你家有空間，又想要打造一個美的焦點，試試把可拆式木桿掛在畫框上，插入彩帶和包裝紙捲。這樣一來絕對會讓包裝禮物變得更有趣。

十月就開始
準備過聖誕節

有些人會抱怨說，十二月才剛開始，就滿街都是聖誕歌。我們不是那種人！如果你給我們一疊紅綠相間的禮物吊牌，不管何時我們都會開心地唱起 Jingle Bells。

看看這個收納聖誕節用品的抽屜，滿滿的裝飾和小禮物。用置物格把所有東西分門別類，也留了空間可以擺下更多物品。

室內與戶外的派對

協助好萊塢電視名人惠特妮・波特（Whitney Port）整理派對用品時，我們注意到兩件事：一、她的東西多到可以塞滿整個櫥櫃；二、很多東西是戶外活動專用。畢竟是在洛杉磯，池邊派對是主流。

第一步：把所有物品先分成戶外與室內兩大類，再按照使用頻率擺放。

第二步：戶外用的餐具放在收納盒裡，方便整個搬到外面的餐桌上。

第三步：比較不常用到的東西，像是茶杯和攪拌碗，放在靠後方牆面的架上，不會占據主要空間。必須留足夠的空間給這些鳳梨雞尾酒容器。

　　只要簡單的格局配置，就無需使用收納容器，根據種類排列器具也會讓置物架看起來很整齊。有些派對用品體積龐大，記得預留足以容納的空間。

家庭足球日

提到足球，我們無意介入托馬斯・瑞特（Thomas Rhett）和勞倫・阿金斯（Lauren Akins）夫妻之間的對抗。老實說，我們也不會加入陌生人對於足球的論戰。不就是一種運動嗎？不管是用踢的足球還是傳接的美式足球，兩者都很受歡迎。根據我們在瑞特家的經驗，他們很認真看待足球賽。托馬斯鍾情喬治亞鬥牛犬隊，勞倫則是田納西志願者隊的鐵粉。但沒關係，我們對球類運動完全無感，對我們來說那都只是娛樂。

第一步：我們像在拆除炸彈一樣，小心翼翼把所有用品分成「他的」和「她的」。但願這麼做可以確保星期天的足球日充滿歡樂，沒有衍生的糾紛。

第二步：對於沒有嚴格的球隊忠誠度的賓客，我們在架上放了很多代表中立的杯子和備品（見下頁）。沒錯，是紅色的杯子，很像喬治亞鬥牛犬隊的顏色，但又何妨！

對於會去看球賽或在家辦球賽趴的熱情球迷，我們設置了收納所有球衣、紀念品、圍巾的空間。還有一個收納盒專門放球隊的精神象徵或聖誕禮品。

koozies

　有些人喜歡邀很多人一起觀賽。不管是什麼運動或是哪支隊伍，只要打開電視螢幕、準備好啤酒就行。類似這樣的場合，我們會設計一個放保冰套的收納盒，隨時可以拿出來使用。當賓客抵達時，他們可以隨手抓一瓶啤酒，再套上一個保冰套。

　如果需要吸管，用另一個收納盒擺放。我們對各種飲品一視同仁。

true story

幾年前我們根本不曉得什麼是保冰套……我們以為那是一種套在茶壺上的編織品。現在我們知道它是球迷的必備聖品。

隨時隨地都可以
擺上一條餐巾

　　看到排滿一整面櫃子的餐巾，你會不會害怕？我們不會。一疊疊不同顏色和不同花色的亞麻布，簡直是在夢中才會出現的景象。為此想出一套收納方法，是收納專家存在的意義。

　　第一步：你知道一條收摺好的餐巾，大小與什麼相當嗎？女人的鞋子。尺寸出人意料的精準，對於尋找相關收納用品很有幫助。最後我們用鞋子的收納架和乾淨的鞋盒來裝這些餐巾。

　　第二步：看看這些餐巾的擺放呈現出漸層的色彩，顯然我們非常樂在其中！

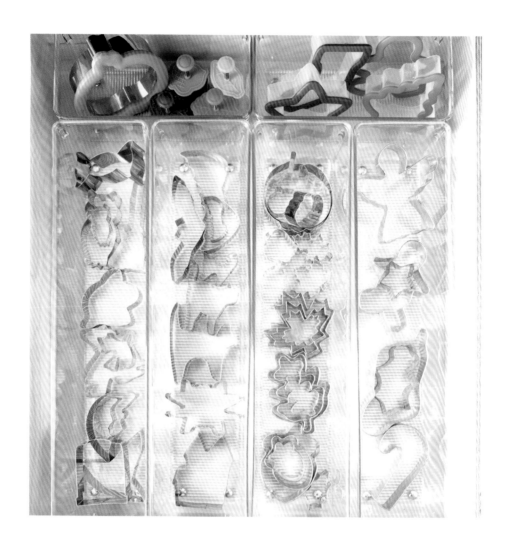

認真的女人最美

　　我們對做菜不拿手，更不用說烘焙，但我們很喜歡各種餅乾模型，可以一整天都在收納這些不同形狀的東西，按照節日和季節來分類，這樣就可以根據時序排列。沒錯，我們很瘋狂。

　　當然不是所有人都對季節有感，有時候更重要的是生日或生活中的各種聚會。在這個抽屜裡，從吸管到牙籤一應俱全，蠟燭和刀具也一目瞭然。

你真的不用
斷捨離

當那些
東西
是必備的

本章收納的東西沒有那麼迷人，但這就是重點。記得我們在前面一開始提到的馬桶疏通器？家家戶戶都需要它，也都需要洗衣精、抹布和燈泡。這些東西不有趣，但生活中少了它們可不好玩。我們要說的是，如果一樣東西能解決問題，或者提供一項有用的功能，那麼不論如何，預備多一點存貨沒關係。有很多方法可以存放和整理這些東西，備品充足才能確保供應無虞。

true story

以下是時尚總監陳怡樺（Eva Chen）的廚房，當她在我們的 IG 上看到這張照片時，竟然說：「為什麼這個人需要那麼多洗潔劑？」後來她才發現那是她的洗潔劑。

把清潔當運動

我們曾經說過，現在要再說一次：清潔打掃是一種有氧運動。何不趁運動時順便把房子擦乾淨，一舉兩得？上瑜伽課不可能一邊洗碗盤，伏地挺身也無法順道整理小孩的遊戲室。

第一步：評估過櫥櫃的收納選擇，結論是：顯然需要更多選擇。於是裝上最有收納價值的產品：掛在整片門板上的收納架。

第二步：架上放噴劑、抹布和除塵布，剩下的空間還可以收納廚房紙巾、捲式垃圾袋。把清潔用品擺在方便拿取的地方，會讓清潔工作更容易上手。

大家經常會把清潔用品放在廚房的水槽下方，因為那是每個家庭都有的空間，不論房子大小。建議以可疊式收納箱盡量利用這個空間（底下的箱子是滑軌式抽屜，不用搬動上層的東西也可以拿取下層的物品），中間有水管的地方則排放清潔劑。

　　另一個經常用來囤放清潔用品的地方，是洗衣間的櫃子。由於洗衣間通常不只拿來洗衣服，所以我們稱之為「家用間」，而且我們會把每樣東西都標籤分類。一旦重新標示空間配置，把物品收納在這裡就會變得更合理。這個櫃子原本只有擺洗衣精，後來加入噴霧和清潔滾輪，可供整個屋子的清潔打掃。

在這個用品櫃裡，洗衣清潔用品很容易拿取，最上層的架子則用來放置燈泡。假如你太執著於一個空間只能收納一類特定的物品，最後就是沒有地方放其他東西。只要重新調整擺設，清潔劑、噴霧和燈泡絕對可以和平共處。

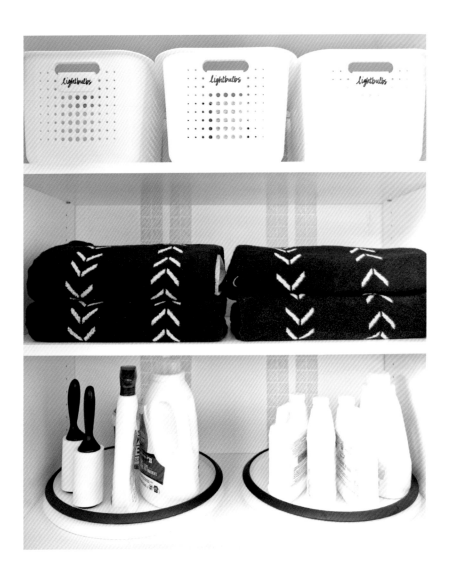

家用修繕工具

　　我們承認自己對這些工具一無所知；不知道怎麼
使用，也不知道它們的正確名稱，甚至沒有很想弄
清楚這些事。所以……當我們得收納這些修繕工具
時，只能做我們擅長的事：把東西按照顏色排列。

　　第一步：把東一個、西一個又不知道叫什麼的工
具，一字排開放在地上……將長得很像的不知道是
什麼的工具歸類在一起。

　　第二步：確認哪些東西要掛在釘板上，哪些東
西要收進抽屜裡。使用鉤子、籃子和壁架收納所
有東西。

　　第三步：幸好那些不知道叫什麼的工具，同一種
類就有很多顏色可供我們排列。既然屋主每樣東西
都買了各種顏色，應該就是想要我們好好利用。

　　有時候最簡單的方法就是最好的方法。既然我們清楚知道這不是我們的強項，把各種基本用具放在置物籃裡就是最佳解決之道。

　　五金用品是這些工具的好朋友，但至少我們比較熟悉一點。把黏膠類和電池類的東西放進收納格裡看起來很療癒。至於釘子和螺絲，雖然也屬於工具類，但是你不用知道如何使用它們也會本能地知道應該把它們分開放。

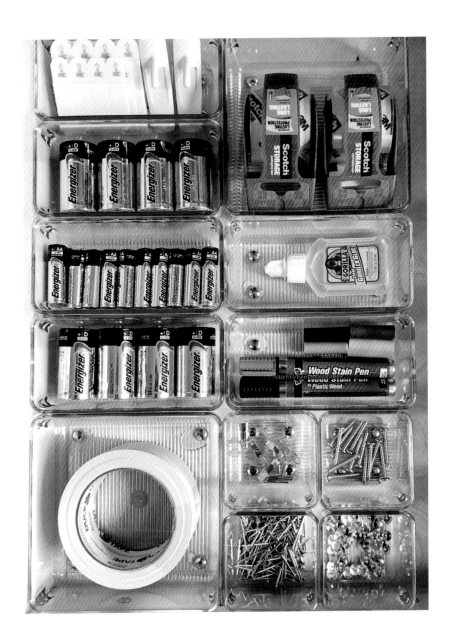

true story

喬安娜超怕電池，尤其是電池酸液，而且她確信每顆電池都會自燃，所以她拒絕收納電池，把這部分的工作留給其他人進行。

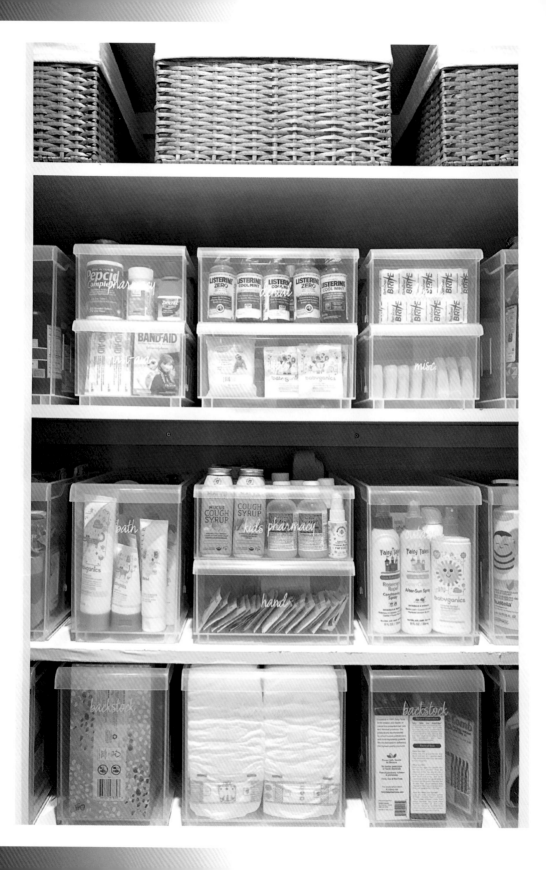

拯救快要爆炸的
儲藏櫃

　　每個家庭都需要一個地方收納民生用品。不論是衛生紙和紙巾、尿布和感冒藥，你絕對不希望哪天發現什麼東西沒了，晚上十一點還得跑出去買。對時尚教主陳怡樺來說，我們的任務是要好好整理她失控的儲藏櫃，因為雖然所有東西都是必要的，但她根本找不到。

　　第一步：把儲藏櫃裡的東西整理出來，擺滿整個客廳和走廊，逐樣清點分類。接著測量和擦拭架上的空間。

　　第二步：置物架的空間很大，但有些位置不好拿取。我們採用置物箱收納，把最不常使用的東西放在門後會被擋到的地方，最常用到的東西放在中間。

　　第三步：置物箱裡的東西一樣樣擺好，確保都裝得進去。這是一間位在紐約市區的公寓，寸土寸金，空間利用必須最大化。

一筆在身，萬事不愁

　　我們並不是在暗示你說，因爲找不到一枝筆就必須午夜狂奔，但是……當你眞的需要筆卻怎麼都找不到時，實在很討厭。我們也對於用可水洗的彩色筆簽文件充滿罪惡感，偏偏當下就只找得到那枝筆。這也是爲什麼設置一個文具用品專區好處多多。我們用這種可疊式桌面抽屜將物品分成九類，放進書櫃架上。

　　這個配置的好處是，抽屜空間有限，你就不會不小心買了太多備品。每個人都需要筆，但一整個抽屜的筆應該很夠用了。你也不會需要三個釘書機。把空間留給其他物品。

大約在冬季

　　住在加州的人看到這張照片，可能會覺得把珍貴的空間拿來擺這些冬天的靴子實在很扯！容我們提醒你，世界上很多地方很需要各種防寒裝備。設置這個禦寒專區會讓冷冽的冬日早晨出門時更方便，也避免地板上堆了一堆圍巾手套。

你真的不用
斷捨離

當那些
東西
能夠
讓你快樂

假如你只讀本書的一章，我們希望是這一章。我們可以找到各種理由解釋為什麼人們會需要各種東西，但最好的理由只有一個，就是它能讓你感到快樂。或者借用日本收納教主近藤麻理惠的說法，它能激發「喜悅之情」。確實，因為小孩、工作或生活的需要，我們買了很多東西——但能夠擁有只要看到就足以讓你感到開心的東西，是多麼幸運的事！

開始收納計畫之前，我們經常問客戶：「這個空間裡，有什麼東西能夠激發你的熱情？」在儲藏室裡，有時看得出來住著一個狂熱的麵包師；在衣帽間裡，最讓人魂牽夢縈的可能是鞋子；在書架上，亮點或許是主人收集的首刷限量版小說。只要我們知道答案是什麼，就會盡力突顯他們在乎的東西。所以我們建議你環顧自己的屋子，想想這件事。這是一件令人開心的事。如果你還無法確定什麼能夠讓你快樂，讓我們一起來進行一場「選擇你的冒險」。

測量你的幸福感：非科學指標

當你看見那樣東西……

1. 你覺得愉快又滿足 ──→ 太棒了，一定要把它擺出來。

2. 你很高興擁有它 ──→ 好好保存它。

3. 你都忘記有這個東西了，但這一次你真的會使用它 ──→ 好吧，倒數六個月，如果你還是沒用，就丟了它！

4. 你在心裡提醒自己，繼母到家裡做客時一定要記得把它拿出來，讓她以為你很喜歡它 ──→ 算了吧，人家根本不在乎你喜不喜歡，就轉送給真心喜歡的人。

5. 你想起寫在清單上提醒自己不需要買的東西 ──→ 你還在等什麼？我的邀請嗎？丟了它吧！

　　假如你可以自信地說你對某樣東西的感受是 1 或 2，對我們來說，單單是這個理由你就可以留下它。事實上，我們鼓勵你留下它。

收納配合生活，而非生活遷就收納

手提包的天堂

　　我們很同情擁有很多包包的人。事實上，我們並非進行包包淘汰賽的最佳人選，因為我們經常會說：「好，當然，沒問題，這些都可以留下來。」看看歌手曼蒂・摩爾（Mandy Moore）的衣帽間，要丟掉任何東西實在很困難，因為每樣東西看起來都值得收藏。既然沒有包要丟，我們決定以格局擺設來突顯她（和我們）的最愛。

　　第一步：由於不想捨棄任何一個包，我們乾脆放手一搏，把吊桿的中段和梳妝檯面都拿來擺放各式各樣的包包。

　　第二步：托特包和手提包可以掛在架上，手拿包和小包用立式壓克力架收納。

　　第三步：精心挑選隔板組合，讓我們最喜歡的錢包可以立在上面。

收藏食譜書的人

你知道誰真心喜歡做菜嗎？演員碧西·菲利浦（Busy Philipps），還有她的小孩。在他們家的廚房裡，料理是全家人的活動。打開她家的櫥櫃、抽屜和儲藏室，真的有各式各樣的食材和器具。很多時候從一大堆東西裡面，我們可以找到有意義的線索；而這一次，我們的重點是一本又一本的食譜書。

第一步：把儲藏室的東西搬出來，接著把放在流理檯上、櫥櫃裡、冰箱上的食譜書堆在餐桌上。

第二步：雖然我們想要突顯這些食譜書，卻不希望犧牲拿取架上食物的便利性。所以我們把書按照顏色排列在上層的架子。

第三步：用箱子、轉盤、罐子混合收納各種料理用品，底下聯名的帆布籃裡是各種擺不下的東西。

true story

有時候（或經常？）孩子是最挑剔的人，所以當碧西的兩個女兒第一次看到儲藏室的收納成果時，我們屏息以待。謝天謝地，還好她們喜歡……因為我們沒有未經她們同意先離開。

彩妝讓生活
更多彩多姿

　　有些人像我們一樣，爲了出席公衆場合才不得不上個粉底、抹點脣蜜；但有些人眞心喜歡化妝。他們每種脣彩都想擁有，還有數不清的眼影盤。我們可以理解（儘管不懂怎麼把這些東西都塗在臉上），所以我們來幫忙了。利用抽屜櫃的組合收納種類繁多、數量也多的彩妝用品。脣筆和眼線筆絕對不能搞混。只是我們很想要問：爲什麼它們長得這麼像！

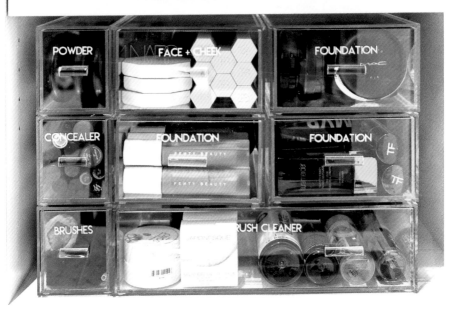

鞋牆

我們喜歡收納很多東西，但沒有什麼比一整面高跟鞋牆還要迷人。紅底鞋、鉚釘鞋、綁帶鞋、恨天高，什麼款式和顏色都有：來吧，我們等著！果然歌手潔希‧德克爾（Jessie James Decker）就找上了我們。不過事實是，我們在整理時她還不斷從櫃子裡搬來更多高跟鞋，突然間我們就身陷一片鞋海，鞋盒也堆積如山，然後我們才後悔自己太過樂觀！

第一步：就算是鞋子，也要堅守80／20法則。我們明白潔希有多愛她的高跟鞋們，不過還是說服她捨棄一些。對收納來說，預留空間很重要；只是對於收藏控來說很難做到。

第二步：潔希個子不高，所以我們把她最常穿的鞋放在低層櫃。中層櫃位的鞋子按照彩虹顏色排列，右邊是黑鞋，左邊則是淺色鞋。

第三步：各種鞋類大小不一。拖鞋、休閒鞋、夾腳拖收進籃子方便拿取，也避免看起來凌亂。

　　這整面鞋牆絕對可以登上名人堂。仔細看看這些鞋，顯然鞋的主人不只偏愛某些品牌，也喜歡特定樣式，而且還包色。相較於按照顏色排列鞋子，我們首先根據品牌分類，然後是樣式，最後才是顏色。有

時候用色系來區分很管用，有時則否。看看你從這些鞋子裡可以得到什麼分類靈感。

色彩療法

　　顏色（有時候是留白）是一種個人偏好，每個人的感受差異頗大。有些人喜歡繽紛的色彩，有些人會被特定的顏色吸引。不論什麼原因，你可能就是覺得某個色調比其他色調看起來順眼。每當我們在客戶家中看到某種色調偏好，就會據以安排規畫配色。在整理這位歌手與作曲家的衣帽間時，顯然她愛的是黃色。我們打造一個賞心悅目的專區，擺放她最愛的配件。

　　第一步：由於她經常旅行，所以我們必須翻遍包包、行李箱、櫃子和抽屜，把各種東西收集起來。

　　第二步：突顯她收集的黃色飾品，又要能夠把相似的東西收納在一起。如下圖，手鍊盒裡裝滿黃色手環，黃色墨鏡和項鍊耳環擺在飾品收納組的上層。

第三步：加裝掛在門上的掛籃以收納手拿包和腰帶等較大型的配飾，並貼上分類標籤。把黃色的物件挑出來擺在顯眼的地方。

鮑比・伯恩斯（Bobby Bones）真的很喜歡紅色。他有很多紅衣、紅鞋，甚至紅色的吉他。既然他最常穿紅色的鞋子，尤其在表演的時候，我們就把紅鞋擺在開放式的架上，其他顏色的鞋子收在透明鞋盒裡，疊放在架子上層。

這是知名生活風格部落客艾爾西・拉森（Elsie Larson）的家，她很喜歡也很懂得運用色彩。當我們前去協助她做廚房收納時，牆面上精心擺設的彩色玻璃杯讓我們忍不住停下腳步。我們已經在她的IG上看過照片，實際到了現場更是令人驚嘆。在這麼美的廚房收納櫥櫃和抽屜很抒壓，我們把銅器擺在架上讓兩個櫃子的風格可以延續。

收納配合生活，而非生活遷就收納

書蟲

我們從來不會要誰把書丟掉。捨棄一本書的唯一理由，就是你想要把它送給別人。不論是跟別人分享你喜歡的小說，或者是孩子都長大了所以把教養書送給需要的人，把書傳出去是件好事。以下是我們的經驗法則：假如你愛書成痴，那就都留下來吧。它們不用電池，需要時隨手翻找，更是居家設計最好的裝飾品。我們替製作人麗娜·維特（Lena Waithe）整理書櫃時，除了創意巧思也融入色彩排列的美學。

第一步：你可以想像整個房間都堆滿了書，沒有地方走路，要是發生火災，後果不堪設想。

第二步：目測這些書，看得出來有些顏色的書封占大宗。我們決定把各種顏色的書擺在書架中層，兩邊是白色書，底下是黑色的。有些書背不符合我們的配置，就把書轉個向，讓翻頁的地方朝外。

第三步：收納盒放在書架下層，融入書香世界。

我們喜歡整理家裡的書，而書在小孩的房間最能物盡其用。童書通常色彩鮮豔，才能吸引孩子拿起來閱讀（或者要你讀給他聽）。孩子可能還不識字，但知道什麼顏色的書他最喜歡！他們總是可以找到想要看的書，再放回架上正確的位置。

讓你心情愉快的嗜好

不論你喜歡園藝、彈吉他或編織，有個興趣嗜好都是好事。它可以讓你忙裡偷閒，我們尤其佩服很會做手工藝的人。

第一步：用雜誌收納夾裝不同顏色的毛線球。我們不會編織，但是「繞毛線球」是我們的興趣。

第二步：縫紉和編織用品裝進有分格的茶包收納盒。（這一點提醒我們要逛遍商店每個分區，因為你永遠不知道會在哪一區找到適合的收納方式。）

第三步：編織圖樣範本和操作說明看起來沒那麼有趣，收進加蓋的可疊式置物盒裡。

在這個毛線控的收納案例中，我們利用整面的落地櫃讓不同色調的毛線球一目瞭然。由於需要更大的容器，用檔案夾取代雜誌夾。

你對它的情感有多深！

　　戀物的程度因人而異——從每樣東西都捨不得丟，到只珍惜有意義的東西。或許對你來說，具有情感意義的東西只有一樣……好比說一隻叫做大猩猩的猴子玩偶，它就坐在衣櫥上，因為電影《玩具總動員》太動人，你怕它被關在置物箱裡不能呼吸！這只是舉例。我們都想要保存自己愛的東西，或者我們愛的人送我們的東西。只要你好好對待它們，別讓情感收納失控，把各種對你來說很特別的東西都留下來完全沒問題。

　　電視名人歐達・卡比（Hoda Kotb）的衣櫃就是情感溫和派的最佳示範。當我們在整理她的衣服、鞋子和包包時，要丟掉的東西堆在床上像一座小山。她很能夠分辨哪些東西她不需要，有些東西則深深觸動她，所以我們把它們擺在顯眼的位置。架子最上層排列她所有的日記本，下層則放了紐奧良聖徒隊的T恤、球衣和帽子。我們讓她留下很多東西，除了因為心軟，也因為我們真的很喜歡她。

true story

整理歐達的衣櫥時，我們翻出一個裡面塞著嬰兒短襪的馬克杯，還有裝著碎掉的胃藥、牙刷、很多刮鬍刀片的包包，誰說收納工作很安全！

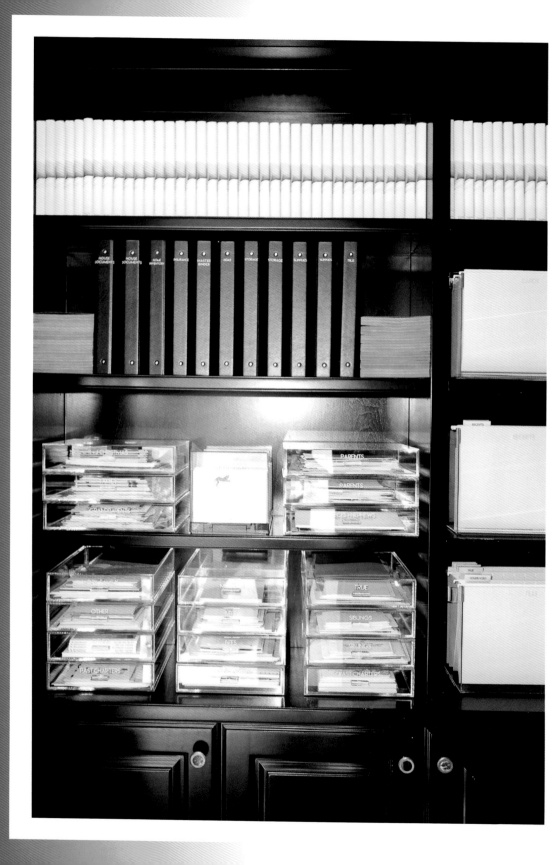

在名媛克羅伊・卡戴珊家的這個空間，我們的目標是設置很多回憶箱，把來自家人和朋友的紙條、卡片、紀念品都裝起來。這些收藏對她來說別具意義。

第一步：紀念品有各種形狀和大小，必須先區別哪些東西可以擺出來、哪些必須收起來。盤點過所有東西之後，決定展示紙條和卡片，把比較大樣的紀念品收起來。

第二步：將卡片和紙條分門別類之後（父母、兄弟姊妹、朋友等等），收進透明壓克力盒裡讓每樣東西都清清楚楚的，再貼上有特殊觸感的粉色標籤。

第三步：架子中層是克羅伊的文具櫃，方便她寫紙條給別人。

　　對於具有情感意義的東西，我們最常使用的收納法寶是文件箱。從卡片到音樂會門票、孩子的圖畫到高中畢業證書，全部都收進去。

　　比較大形的物品可以用紙盒裝在一起，兼具裝飾功能。把有意義的東西巧妙地展示出來，讓我們可以不斷回想起美好的時光。如果你喜歡它們，應該會想要經常看到它們。

true story

寫著 "One" 的相框本來擺在克莉亞和約翰的婚禮桌上，相機來自她的祖父……還有她祖母蘿絲的招牌眼鏡的裱框照片。

MEMORIAL BOOK OF JEWISH
BARDEJOV, SLOVAKIA
BARDEJOV

HIMALAYAS
PHOTOGRAPHED
BY
YOSHIKAZU

ROLLEIFLEX

the beatles · 365 days

INTO THE

The AUDACITY of HOPE

BOB DYLAN

SHOE LOVE

100 PHOTOGRAPHS

TRUST   Photographs of Jim Marshall

ROLLING WITH THE STONES

The Hotel Book

AMERICAN BEAUTY   ASSOULINE

Silverstein
A Light in the Attic

Where the Sidewalk Ends

MEET THE BEATLES

NOT FADE AWAY   Marshall

Bulfinch

收納小撇步

　　我們說過，收納這件事，先求好用，再求好看。本書已經列出所有聰明收納的方法，點心時間到了！接下來要分享一些我們最愛的撇步和技巧。

　　打造一個視覺焦點。或者我們稱之為「感動點」。

　　即便是微不足道的一個小東西，也會讓整個空間亮起來。不論是儲藏室裡的瓶瓶罐罐，或者是衣帽間裡的一個包包。

- 克莉亞的零食罐或其他乾貨都放在儲藏室正中間的架上。
- 最喜歡的包包用透明壓克力架展示在衣帽間。
- 繪畫用品或書根據彩虹的顏色排列在遊戲室的書架上。
- 擺設有個性的宣示品，像是尖頭高跟鞋、貓王的畫像，兩者都出現在歌手凱西‧瑪絲葛蕾芙（Kacey Musgraves）的衣帽間。

　　保持空間感。採取任何收納計畫或設計改造之前，記得先看看整個空間，確保所有地方都利用到。

- 用奇數設想：架上擺三個籃子看起來比四個籃子好看。如果你需要填滿空間，把籃子都擺在中間，再等距向外移動。
- 如果可以堆疊就堆疊，但要考慮視覺重量，預先分配。你不希望東西看起來傾向一邊，或者頭重腳輕。
- 預留空間。「負空間」的概念很重要，也就是物品之間要保持空間，更不用說這樣你才有地方再擺其他東西（記得80／20法則）。
- 用透明的收納箱增加高度，讓小空間看起來變大一點。

維持一致性。挑選東西時要先想過，保持一貫的風格。如果物品擺起來不搭調，會讓空間顯得凌亂又不協調。

‧決定居家收納要採取什麼風格，根據風格決定要買什麼東西。
‧注意細節，像是把手的種類和材質。如果你決定採混搭風，確保所有東西看起來都是刻意如此，不會讓人視覺錯亂。
‧相同或相似的東西鏡像擺放會讓空間看起來更平衡。用高度落差或不同形狀來避免過於單調，只要兩樣東西看起來有點像，就會有協調感。

盡可能根據色彩排列。這麼做是有道理的，就把你的東西按照彩虹的顏色排列吧。很多時候，這是系統功能的一部分；但有時候……純粹好玩。

加上標籤。就像色彩排列一樣，多數時候標籤具有功能性，有助空間收納。但有時候也可以是為了美觀。一個空間看起來越順眼，你越會想要維持它。

把看得到的地方擦乾淨。無庸贅言，把房間整理乾淨，尤其是窗戶和玻璃櫃，有助於讓整個空間看起來更整潔。

Thanks

喬安娜，謝謝妳成為我生活中重要的另一半，沒有妳，我的日子應該很難過。約翰，抱歉把你擺在第二個要感謝的人，但你在我心裡是第一位。我好像聽到喬安娜說：「什麼！所以妳心裡沒有我？」對不起，怎麼說都不對。我愛你們兩個。

史黛拉和蘇頓，妳們是我的愛和驕傲，也是我歡樂的泉源，我很感謝可以成為妳們的媽媽。在妳們抗議說我把妳們擺在第三和第四位之前，我要先說，這是根據英文字母順序排列。對於家人和朋友，很抱歉近來沒有傳訊息給你們，我保證明年會改進。

—— 克莉亞

首先，我要謝謝克莉亞。不只因為妳是一位停不下來的工作夥伴和我最愛的人，也因為妳很努力又充滿動力、眼光獨到，而且天賦異稟，竟然可以把我們的收納態度和方法，整理成如此美麗、有趣、有用又兼具啟發性的書。

我也要謝謝我生活中的另一個伴侶，傑洛米。謝謝你十三年前娶了我，謝謝你承擔起學校的指定家庭聯絡人的角色，謝謝你成為我的依靠。

最後，邁爾斯和麥洛威，謝謝你們包容我的工作。我知道它有時需要很多關注和時間，我永遠感謝你們的接受和理解。

—— 喬安娜

國家圖書館出版品預行編目資料

美感收納術：
全美最強整理達人教你收納變日常、整理變享受的寬爲生活提案
克莉亞‧席爾Clea Shearer & 喬安娜‧泰普林Joanna Teplin 著，
羅雅涵 譯，初版. -- 臺北市：商周出版：家庭傳媒城邦分公司發行
　2021, 06　面；　　公分. -- (生活館)
譯自：The Home Edit Life:The No-Guilt Guide to Owning What You Want and Organizing Everything
ISBN 978-986-0734-10-2（精裝，全彩）

1.家庭佈置

422.5　　　　　　　　　　　　　　　110005875

美感收納術

原 著 書 名／The Home Edit Life
作　　　者／克莉亞‧席爾 Clea Shearer & 喬安娜‧泰普林 Joanna Teplin
譯　　　者／羅雅涵
責 任 編 輯／陳珉妮
版　　　權／黃淑敏、劉鎔慈

行 銷 業 務／周丹蘋、賴晏汝
總 編 輯／楊如玉
總 經 理／彭之琬
事業群總經理／黃淑貞
發 行 人／何飛鵬
法 律 顧 問／元禾法律事務所　王子文律師
出　　　版／商周出版　城邦文化事業股份有限公司
　　　　　　臺北市中山區民生東路二段141號9樓
　　　　　　電話：(02) 25007008　傳真：(02) 25007759
　　　　　　E-mail:bwp.service@cite.com.tw
發　　　行／英屬蓋曼群島商家庭傳媒股份有限公司城邦分公司
　　　　　　臺北市中山區民生東路二段141號2樓
　　　　　　書虫客服服務專線：(02) 25007718‧(02) 25007719
　　　　　　24小時傳真服務：(02) 25001990‧(02) 25001991
　　　　　　服務時間：週一至週五09:30-12:00‧13:30-17:00
　　　　　　郵撥帳號：19863813　戶名：書虫股份有限公司
　　　　　　讀者服務信箱E-mail：service@readingclub.com.tw　歡迎光臨城邦讀書花園　網址：www.cite.com.tw
香港發行所／城邦（香港）出版集團有限公司
　　　　　　香港灣仔駱克道193號東超商業中心1樓　電話：(852) 25086231　傳真：(852) 25789337
　　　　　　Email：hkcite@biznetvigator.com
馬新發行所／城邦（馬新）出版集團　Cite (M) Sdn. Bhd. 41, Jalan Radin Anum, Bandar Baru Sri Petaling, 57000 Kuala
　　　　　　Lumpur, Malaysia　電話：(603) 90578822　傳真：(603) 90576622

封 面 設 計／萬勝安
排 版 設 計／豐禾工作室
印　　　刷／卡樂彩色製版印刷有限公司
經 銷 商／聯合發行股份有限公司　電話：(02)29178022　傳真：(02)29178022
　　　　　　地址：新北市231新店區寶橋路235巷6弄6號2樓

2021年6月08日初版
定價／550元

商周出版

廣　告　回　函
北區郵政管理登記證
北臺字第000791號
郵資已付，免貼郵票

104　台北市民生東路二段141號2樓

英屬蓋曼群島商家庭傳媒股份有限公司城邦分公司　收

- -

請沿虛線對摺，謝謝！

商周出版

書號：BK5180C	書名：美感收納術	編碼：

商周出版

讀者回函卡

感謝您購買我們出版的書籍！請費心填寫此回函卡，我們將不定期寄上城邦集團最新的出版訊息。

不定期好禮相贈
立即加入：商周
Facebook 粉絲團

姓名：＿＿＿＿＿＿＿＿＿＿＿＿＿＿＿＿＿ 性別：□男 □女

生日：西元＿＿＿＿＿＿＿年＿＿＿＿＿月＿＿＿＿＿日

地址：＿＿＿＿＿＿＿＿＿＿＿＿＿＿＿＿＿＿＿＿＿＿＿

聯絡電話：＿＿＿＿＿＿＿＿＿傳真：＿＿＿＿＿＿＿＿

E-mail：＿＿＿＿＿＿＿＿＿＿＿＿＿＿＿＿＿

學歷：□ 1. 小學 □ 2. 國中 □ 3. 高中 □ 4. 大學 □ 5. 研究所以上

職業：□ 1. 學生 □ 2. 軍公教 □ 3. 服務 □ 4. 金融 □ 5. 製造 □ 6. 資訊

　　　□ 7. 傳播 □ 8. 自由業 □ 9. 農漁牧 □ 10. 家管 □ 11. 退休

　　　□ 12. 其他＿＿＿＿＿＿＿＿＿＿＿＿

您從何種方式得知本書消息？

　　　□ 1. 書店 □ 2. 網路 □ 3. 報紙 □ 4. 雜誌 □ 5. 廣播 □ 6. 電視

　　　□ 7. 親友推薦 □ 8. 其他＿＿＿＿＿＿＿＿

您通常以何種方式購書？

　　　□ 1. 書店 □ 2. 網路 □ 3. 傳真訂購 □ 4. 郵局劃撥 □ 5. 其他＿＿＿＿

您喜歡閱讀那些類別的書籍？

　　　□ 1. 財經商業 □ 2. 自然科學 □ 3. 歷史 □ 4. 法律 □ 5. 文學

　　　□ 6. 休閒旅遊 □ 7. 小說 □ 8. 人物傳記 □ 9. 生活、勵志 □ 10. 其他

對我們的建議：＿＿＿＿＿＿＿＿＿＿＿＿＿＿＿＿＿

＿＿＿＿＿＿＿＿＿＿＿＿＿＿＿＿＿＿＿＿＿＿＿＿＿

＿＿＿＿＿＿＿＿＿＿＿＿＿＿＿＿＿＿＿＿＿＿＿＿＿